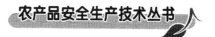

农产品安全生产技术丛书

茄子
安全生产技术指南

温吉华　高坤金　主编

U0318616

中国农业出版社

图书在版编目（CIP）数据

茄子安全生产技术指南/温吉华，高坤金主编 · —北京：中国农业出版社，2011.10
（农产品安全生产技术丛书）
ISBN 978 - 7 - 109 - 16122 - 1

Ⅰ.①茄…　Ⅱ.①温…②高…　Ⅲ.①茄子－蔬菜园艺－指南　Ⅳ.①S641.1 - 62

中国版本图书馆 CIP 数据核字（2011）第 197155 号

中国农业出版社出版
（北京市朝阳区农展馆北路 2 号）
（邮政编码 100125）
责任编辑　徐建华

北京中科印刷有限公司印刷　　新华书店北京发行所发行
2012 年 1 月第 1 版　　2012 年 1 月北京第 1 次印刷

开本：850mm×1168mm　1/32　印张：7.75
字数：197 千字
定价：16.00 元
（凡本版图书出现印刷、装订错误，请向出版社发行部调换）

编写人员

主　　编	温吉华	高坤金
副 主 编	张世伟	陈建友
	盛坤军	孙常刚
	李金荣	孙秀丽
	滕方超	
参编人员	徐大伟	许玉良
	姜好胜	原晓玲
	张俊祥	张松敏
	王淑玲	刘　霞
	曹金田	张同志
	张洪春	张秀昌
	温秀敏	刘禄强
	温淑莲	

目 录

概　述

第一节　茄子安全生产的重要性

茄子又称酪酥、昆仑瓜，在全世界都有分布，以中国的栽培面积最大，总产量最高。据农业部统计，2006 年中国茄子播种面积为 70.27 万公顷，总产量 2 247 万吨，占世界总产量的一半以上。茄子在中国已有近两千年的历史，是中国南北各地最广泛的茄果类蔬菜之一。茄子的产量高，适应性强，结果期长，为夏、秋季的主要蔬菜。

茄子具有较高的营养价值、药用价值和经济价值，是中国人喜爱的常见菜肴和保健食品，也是现阶段中国农民致富的一条重要途径。因此，对中国而言，组织和开展茄子安全生产，具有重要的现实意义和长远的历史意义。

一、茄子的营养价值

茄子不仅富含胡萝卜素、维生素 B_1、维生素 B_2、维生素 C、维生素 P、蛋白质，还含磷、钙、钾等微量元素和胆碱、胡芦巴碱、水苏碱、龙葵碱等多种生物碱，尤其是紫色茄子中维生素含量更高。据测定，每 100 克茄子所含成分为：水分 92.8%～94.2%，蛋白质 1.0 克，脂肪 0.1 克，碳水化合物 3.5 克，粗纤维 1.9 克，钙 55 毫克，磷 2 毫克，铁 0.4 毫克，胡萝卜素 180

微克，维生素 A 30 微克，维生素 B_1 0.03 毫克，维生素 B_2 0.03 毫克，维生素 C 7 毫克，烟酸 0.4 毫克，其他微量。特别是维生素 P 的含量很高，每 100 克中即含维生素 P 750 毫克，这是许多蔬菜水果望尘莫及的。

维生素 P 是由柑橘属生物类黄酮、芸香素和橙皮素构成的。在复合维生素 C 中都含有维生素 P。维生素 P 是类维生素的一种，它有助于人体微循环的正常运行，保持毛细血管的正常功能，可预防皮下出血性紫癜的出现，对高血压、高血脂症等心血管系统疾病有一定的防治作用；维生素 P 有抗氧化作用，可保持蔬菜和油脂的新鲜，食用后可改善人体酶与生物酶的活性；维生素 P 能够抑制细菌，具有抗菌素的作用；维生素 P 对维生素 C 有增效作用，有人称维生素 P 为维生素 C 的伴侣，维生素 D 和维生素 P 混合有高效维生素 C 之称；维生素 P 具有抗癌作用，它能防止维生素 C 被氧化而受到破坏，增强维生素的效果；维生素 P 能够增强毛细血管壁，防止瘀伤，还有助于牙龈出血的预防和治疗，有助于因内耳疾病引起的浮肿或头晕的治疗等。

许多营养学家认为，每服用 500 毫克维生素 C 时，最少应该同时服用 100 毫克生物类黄酮，以增强它们的协同作用。除茄子外，在橙、柠檬、杏、樱桃、玫瑰果实、黄绿色蔬菜（叶菜维生素 P 含量高于根茎类菜）、大豆、茶及荞麦粉中都含有相当数量的维生素 P。

二、茄子的医疗保健价值

茄子不仅是老百姓食物结构的重要组成部分，还在医疗保健中发挥着重要作用。

祖国医学认为茄子的果肉、茎、根、蒂、花均可供药用。①生白茄子 30～60 克，煮后去渣，加蜂蜜适量，每日 2 次分服，可治年久咳嗽。②茄子秸 90 克，水煎服，每日 2～3 次可治咳嗽、气喘。③白茄根 25 克、木防已根 15 克、筋骨草 15 克，水煎服，可治风湿性关节痛。④茄蒂放在火盆里燃烧，用纸做一个喇叭形筒子，大口罩住烧着的茄蒂，小口对着患者无名肿痛处，让盆中燃烧的茄蒂烟熏，每日 3～4 次，患处未成脓者即消，已成脓者很容易收敛。⑤生茄子切开，搽患部，可治蜈蚣咬伤和蜂蜇。⑥茄子根煎水，趁热熏洗患处，可治冻疮。⑦茄子烧炭存性，研末，每日 3 次，每次服 3～6 克，可治疗痔疮出血、直肠溃疡性出血。⑧生茄子嚼服，可解食物中毒。⑨茄子加醋一起捣烂，外敷，有消炎镇痛之效，可解无名肿毒。⑩紫茄子同米煮饭食用，可治疗黄疸肝炎。⑪秋后经霜老茄子，烧炭存性研末，用香油调敷，可治妇女乳头破裂；内服可治大便出血。⑫茄子茎、叶、根煎汤洗患处，可防治冻疮、皲裂和脚跟痛。⑬白茄根、木防已根、筋骨草各 15 克，水煎服，可治风湿疼痛、手足麻木。⑭白茄根烧炭存性研末外敷内服，可治口疮、痔疮下血。⑮茄子叶 10 片，水煎服，可治腹泻。⑯茄子蒂 7 个，水煎服，每日 1 剂，可治子宫脱垂。⑰茄子蒂 5 个，焙炭为末，黄酒送服，可治疝气痛。⑱白茄花 15 克、土茯苓 30 克，水煎服，可治妇女白带过多。⑲茄子拌大蒜当菜吃，可治疗肠炎。⑳茄子晒干后研成细末，一日 3 次，每次 1 克，开水送服，可辅助治疗肾炎。

　　茄子含有多种糖类物质、蛋白质、脂肪、粗纤维、多种维生素和钙、磷、铁、钾等多种无机盐，还含有胡萝卜素，具有多方面的保健防病作用。①软化血管。茄子含有其他蔬菜少有的维生素 P。维生素 P 又称芦丁，是一种黄酮类化合物，具有软化血管的作用，可增强血管弹性，降低毛细血管通透性，防止毛细血管破裂，对防止小血管出血有一定作用。常吃茄子对心脏和血管有益处，并对咯血、坏血病、高血压等有一定的辅助治疗作用。②活血化瘀。中医认为，茄子味甘性寒，有清热凉血、活血化瘀、祛风通络、利尿的作用。常吃清蒸茄子还有清热消肿和止痛的作用，可用于治疗痔疮、便血、便秘、高血压等。另外，把茄子捣烂敷患处，可用于治疗蜂蜇肿痛、热毒疮肿。③降胆固醇。美国学者提出，常吃茄子可降胆固醇。高胆固醇、动脉硬化、心脏病患者，平时多吃茄子对身体是非常有益的。此外，常吃茄子还有助于消化液的分泌，增强消化道运动。④抗衰抗癌。茄子可增强人体内抗氧化物质的活性，从而减弱和消除衰老的自由基反应的影响，起到抗衰老的作用。常吃茄子还可减少老年斑的发生。医学研究证明，茄子中的微量元素具有抗遗传基因变异的作用，可减少癌症的发病率，特别是对降低直肠癌发病率的效果更明显。

三、茄子的经济价值

茄子适应性广，栽培容易，产量高，效益好，是我国各地农业结构调整的重要蔬菜作物之一。特别是设施蔬菜的发展，给茄子注入新的生机与活力，茄子栽培已成为农民致富的一条重要途径。

茄子种植并不难，但要获得较高的产量，必须施以配套的栽培管理技术，管理水平不同，其产量差别极大。通过在茄子上的钾肥试验结果表明，茄子最佳氮磷钾配比为 30：20：20（千克/666.7 米^2），666.7 米^2 茄子产量可达 6 200 千克；研究人员研究灌水量、钾肥、磷肥的耦合效应对茄子产量的影响，得到 666.7 米^2 最高产量 5 097 千克。

一般情况下，对初次种茄子的农民而言，由于对栽培技术掌握不熟练，每 666.7 米^2 能收 2 000～2 500 千克茄子；第二、三年处于管理经验的积累和熟练阶段，每 666.7 米^2 能收获 3 500～4 000 千克；四年后基本掌握了茄子的全套种植技术，每 666.7 米^2 能超过 5 000 千克。

茄子不同品种的产量差异很大，近几年自国外引进的许多优良高产品种，666.7 米^2 产量高达 16 000～18 000 千克，最高可达到 26 000 千克。

同其他农产品一样，种植茄子的经济效益随着市场的变化而有所波动。市场需求旺盛，销售畅通，价格高，效益自然高，而且风险性小。就目前我国的消费水平而言，露地栽培的低档次茄子与反季节栽培的茄子（特别是无公害、绿色、有机茄子）相比，其收益具有明显的差别。据资料报道，2008 年在我国某些大城市普通茄子售价 4.6 元/千克，无公害茄子 10 元/千克，而有机茄子则高达 39.9 元/千克。虽然有机茄子的价格是普通茄子的 4~10 倍，但市民对有机茄子的认识和接受度却在不断提升，有机农产品的市场需求日益增大。

近年来，我国各地在农业结构调整中，把茄子栽培作为当地经济的新增长点加以培育，形成了许多茄子种植专业基地、专业村、专业户，茄子产业成为我国许多地区农民收入的主要来源。如湖南省醴陵市富里镇车上村、四川省南溪县罗龙镇长江村、辽宁省抚顺市望花区、内蒙古霍林郭勒市、湖南省隆回县、浙江省龙泉市八都镇新村、辽宁省插拉村、浙江省长兴县吕山乡、山东省寿光市、福建省福州地区岑兜村等都在茄子规模化种植中获得了成功，茄子产业成了这些地区、镇、村及农户的经济支柱。

第二节　茄子安全生产的紧迫性

茄子的适应范围广，容易栽培，在我国各地普遍栽培。许多地方将茄子作为种植业结构调整的重要项目并培育成新的经济增长点，促进了农民增收，带动了当地的经济发展。

（一）我国茄子生产现状

茄子在全世界都有分布，亚洲、非洲、地中海沿岸、欧洲中南部、中美洲均广泛种植，但以我国的栽培面积最大，总产量最高。据 FAO 的统计资料，2004 年全球茄子收获面积为 170.1 万公顷，总产量为 2 984 万吨；我国收获面积为 81.7 万公顷，总产量为 1 653 万吨，分别占世界收获面积和总产量的一半左右。2005 年我国茄子种植面积为 70.26 万公顷，总产量 2 263.4 万吨。种植面积最大的 6 个省依次是山东、河南、河北、四川、湖北、江苏。

自然条件下，我国长江以南无霜地区可以一年四季生产，北方地区只能在无霜期季节栽培。过去，在漫长的冬春季节，北方吃不到新鲜的茄子。20 世纪 50 年代末、60 年代中后期，塑料中、小棚开始应用于蔬菜栽培，把茄子生产时间提前或延后 1 个多月，经济效益明显高于露地。同时，用塑料薄膜替代玻璃作为温室透明覆盖物，促进了我国塑料温室的发展，加盖外保温设施（草苫、纸被），使茄子生产再提前 1～2 个月。这样在北纬 40°左右的地区可在 2～3 月份吃到新鲜茄子，经济效益又得到了进一步提高。80 年代中后期，随着高效节能型日光温室和功能性塑料薄膜的发展，加之内外保温设施和先进栽培技术的应用，使北纬 40°左右的地区，冬季在不加温的情况下能生产出茄子，并在春节前后上市。

目前我国的茄子生产已经实现了周年供应。长江中下游及其以南地区形成了塑料棚、地膜、遮阳网三元覆盖型周年系列化保护栽培体系；黄淮海平原地区形成了高效节能型日光温室、塑料棚、地膜、遮阳网四元覆盖型周年系列化保护栽培体系；东北、西北、内蒙古及山西的大部分地区，形成了高效节能型日光温室、塑料棚、地膜三元覆盖型周年系列化保护栽培体系，使这一地区在不加温的情况下，茄子能够全年生产和周年供应。茄子较耐贮运，既可以由蔬菜生产基地运往城镇，也可以由南方运往北方。茄子产量高，市场广阔，经济效益显著，在生产规模上已由农村的一家一户零散栽培发展到大规模的商品化生产，成为菜农致富的项目之一。

近年来，随着设施蔬菜栽培技术的不断完善，我国茄子种植初步形成规模化产业。在山东省，以聊城、青州、临邑等茄子主产区为辐射，带动全省扩种 2 万公顷。该省寿光市，利用日光温室保护，对茄子实施秋冬茬、越冬茬、冬春茬大面积反季节栽培已有十几年的历史；近几年，该市引用晚熟良种、早秋育苗移栽、翌年夏末拔秧的全年大茬栽培方式，666.7 米^2 产量高达 10 000～15 000 千克，不仅取得了显著的经济效益，更重要的是使该市成为冬春季大量外销鲜嫩茄果的商品茄子生产基地之一，为供应我国北方地区发挥着举足轻重的作用。

目前，我国茄子栽培正向着品种专用化、设施栽培规模化、栽培现代化、管理标准化、产品安全化等方向发展。

（二）我国茄子生产存在的不安全因素

同其他蔬菜类似，茄子生产中也存在较多的安全隐患。集中在市郊地带的茄子生产基地，自然也是一些大型工厂的"驻扎地"，是城市污染物首当其冲的接纳地，土壤、空气污染严重。重金属污染如铅、镉等物质进入茄果内部，被人摄入后，会在人体内形成重金属积累，不仅加剧人的衰老进程，还易引发多种疾病。种植期间使用未腐化的有机肥料，或是用未经处理的城市污水灌溉蔬菜，致使除细菌、病毒之外，还有各种寄生虫的污染，这类受污染的蔬菜，表面上看不出什么迹象，对人体健康的损害也一时难以察觉，但长期食用，随着量的堆积，总有一天置人于病。

位于偏远地区的农村，农民种植蔬菜多呈零星、分散状态，由于缺乏统一的技术指导和监管措施，盲目施药、滥用农药的问题非常突出。有人为了杀虫，违法使用高毒农药灌根；有人无视施药后 7～10 天的安全间隔期，今天喷了农药，明天就采摘上市，对消费者的身体健康构成威胁。20 世纪 80 年代以来，由于耕作制度改变，保护地茄子面积增加，重茬、连作多，致使病虫害增多，危害加重，不少地方为了提高防病治虫效果，大量、超量使用化学农药，甚至使用高毒、高残留农药，其结果不仅破坏了生态平衡，还导致用药量与病虫害相互递增的恶性循环。

大致来说，茄子食品污染来源于生长环境、栽培过程、产品后期流程等方面。

1. 生长环境的污染 茄子生长发育的环境如果受到污染，将直接影响到茄子的生长发育，并通过各种媒介物如大气、水体、土壤等将污染物转移并残留于茄子果实内，再通过人类食用，最终危及到人类的健康以至生命。生产环境的污染包括大气污染、水体污染和土壤污染。

（1）大气污染 大气污染来源于茄子生长的地上部周围空间，主要有工矿企业、交通运输、能源燃烧等排放的废气以及农药化肥和其他污染等，其中工业废气是大气污染的主要污染源。大气受到污染后直接影响茄子的生长发育和质量安全状况。

（2）水体污染 水体污染主要来源于工业"三废"和城市"三废"。水体污染种类很多，包括重金属、农药、有毒有机物质和有毒元素、病原菌和有毒合成物质等。另外，土壤中残留的农药、肥料中的有害成分，也会通过地表径流和地下水造成水体污染。

（3）土壤污染 土壤污染主要来源于工业"三废"和城市"三废"以及肥料、农药和生物污染等。土壤中的主要污染物质包括有机废物、农药、重金属、寄生虫、有毒物质、病原菌、病毒、放射性污染物、煤渣、矿渣及粉煤灰等。另外，土壤中的生物污染也十分严重。城市垃圾、人畜粪及医院废弃物中含有大量的病原体，这些病原体通过水体、大气、土壤等途径残留于茄果内部或表面，人食用后会严重危害健康。

2. 栽培过程的污染 栽培过程中的污染是指由于使用农药、化肥等生产资料不当和生产操作规程执行过程中的失误而导致的污染。主要表现在农药污染和肥料污染上。

（1）农药污染 农药是农业生产中必不可少的农业生产资料，在防治茄子病虫草害中起着至关重要的作用。农药对茄子的污染主要由农药残留的毒性所致。

农药主要包括有机氯、有机磷、氨基甲酸酯、有机汞和有机砷五大类，我国的农药品种有 100 多种。农药施用后，小部分黏附在茄子果实及植株表面起防病治虫作用，一部分漂浮于空气中，而大部分则散落在土壤中。散落于土壤中的农药，一部分在一系列外界环境条件和微生物的作用下得以转化、分解乃至消失，一部分残留在土壤或渗入地下水中，其余部分则溶于水后被根系吸收运输到茄子体内。因此，农药在防治病虫草害的同时也严重污染了环境和茄子本身，最终危害到人类的健康。近几年来，不断发生的蔬菜中毒事件几乎全部是由农药引起的，农药污染已不容人类社会忽视。

农药对茄子污染的主要原因，一是不按农药使用准则滥用农药。如超标准增加用药量、任意加大农药使用浓度、随意增加农药使用次数等，大大增加了茄子产品中农药的残留量，造成农药的污染。二是任意使用国家禁用或限用的剧毒、高毒和使用不安全的农药。大部分农药都是有毒的，对人体相当有害，特别是有些农药有剧毒。国家虽已明文规定禁止使用剧毒、高毒、高残留化学农药，但在实际生产中，滥用农药的现象一段时间内还无法彻底根除。

（2）**肥料污染**　乱用或滥用化学肥料都会造成污染。我国传统农业主要是依靠施用有机肥来增加产量和提高土壤肥力，但在现代农业中，随着农业科学技术的发展，有机肥施用量下降，化学肥料用量增加。化学肥料的大量施用，使土壤、空气和水的环境污染日益严重，并通过农副产品、食物和饮水等途径危及人类健康。肥料对土壤的污染包括化学污染、生物污染和物理污染。①化学污染。偏施氮肥会使茄子食物中硝酸盐的含量超标，人食用后，硝酸盐在组织内积累，如还原成为亚硝酸盐时，可与血液中的血红蛋白结合，生成致癌物质——高铁血红蛋白，降低血液向全身的输氧能力，对人体造成伤害。②生物污染。施肥对大气的污染主要是氮的挥发和反硝化过程中生成的二氧化氮及沼气、有机肥的恶臭等。施用各种形态的氮肥，除被植物吸收外，大部分进入地下水，导致地下水中硝酸盐含量上升，危害人体健康。③物理污染。化肥特别是磷、钾、硼肥以矿物为原料，其中含有某些污染元素，如磷矿石中含有砷、铬、镉、钯、氟等，垃圾、污泥、污水中含某些污染物质和重金属，施入土壤后，若在土壤中积累超标，根系吸收运输到茄子果实的量也会增加，人畜食用后会造成慢性中毒，甚至可能出现致畸、致癌变、致突变的严重后果。

3. 产品后期流程的污染 产品采收后，在运输与贮藏保鲜过程中若管理不当，果实发生病变甚至腐烂，会使一些有毒成分不断聚积，形成污染。另外，在产品深加工过程中，若使用食品添加剂、保鲜防腐剂等不当，加工设备及环境不卫生也极易造成产品污染。

因此，树立"安全生产"的观念，特别是在目前人们对茄子的需求逐步由追求数量与价格便宜，转变为追求产品质量和卫生又有营养的形势下，大面积推广茄子安全生产技术已是当务之急。

第三节 茄子生产中不安全因素的控制与治理

茄子安全生产的策略是：首先，在无工厂废气、废水、废渣污染的基地种植，保证茄子生长在安全的生态环境中。其次，增施有机肥，科学、合理使用化肥。尽量使用腐熟农家肥，进行配方施肥，控制使用化学氮肥，避免茄子中硝酸盐含量超标。三是，运用"绿色植保"技术控制病虫草害，以农业防治为基础，优先应用物理、生物防治技术，生产过程中绝对禁止使用高毒高残留农药，科学使用高效低毒低残留化学农药，严格控制浓度、用量、安全间隔期等。

一、选择安全的种植基地

选择种植地是安全生产的基础。选择种植地时，一般应遵循以下原则。

1. 种植地的大气、土壤和水质无污染。种植地周围没有污染大气的污染源，土壤不能含有重金属元素和有毒性的有害物质和剧毒农药残留，生产用水不得含有污染物，特别是不能含有重金属元素和有毒性的有害物质。

2. 生产基地的环境（包括大气、水质、土壤和气候条件）应适宜于茄子生长，而且其生态环境有利于天敌的繁衍。

3. 生产基地应安排在城镇的中远郊区，远离工矿区和住宅区，并严禁开设对基地环境有污染的工厂，严格控制生活污水的排放，以避免工业"三废"和城镇"生活三废"等多种污染。

4. 生产基地的环境应定期进行监测并严格保护，杜绝污染。

5. 生产基地的地势要平坦，灌溉与排水方便，便于统一规划和规模生产。基地周围要有便利的交通，便于产品的运输与销售。

总之，茄子生产基地的农业生态环境必须经过环境监测部门检测，大气、水质和土壤达到规定指标。

二、合理选用化肥

茄子安全生产中，必须考虑到土壤改良与地力培肥，因而肥料的选择和使用至关重要。肥料的选用应注意以下几点：

1. 加大有机肥料的施入量。注意增施腐熟的堆肥、畜禽肥等厩肥以及绿肥等，尽量减少化肥用量，杜绝偏施氮肥。增施有机肥不但可以增加土壤有机质含量，改善土壤物理性状，对提高土壤肥力有重要作用，而且可以改良土壤，提高土壤容量，还能促进土壤对有毒物质的吸附作用，提高土壤自净化能力。此外，有机质又是还原剂，可促进土壤中的镉形成硫化镉沉淀物。要逐渐减少化肥用量，逐步做到少使用或不使用硝酸铵、硝酸钾、碳酸氢铵和尿素等氮肥，并严格防止过量施用氮肥，要增施磷、钾复合肥和微量元素肥料，把肥料中重金属和有毒物质的污染减少到最低限度。

2. 提倡使用菌肥和生物制剂肥料。生物制剂肥料对环境污染很低。可以利用生物制剂菌肥使秸秆还田，增加土壤有机质；利用生物菌肥等制剂把畜禽粪再度发酵后使用。

3. 防止水土污染。禁止在茄子种植地施用未经处理的垃圾和污泥，严禁污水灌溉。

4. 抑制土壤氧化-还原状况。为防止土壤的污染，可以推行粮菜轮作、水旱轮作。

5. 施加抑制剂，减少污染物的活性。施用抑制剂既可改善土壤的 pH，也能降低茄子对放射性物质的吸收。

三、安全使用农药

迄今为止，世界各国注册的农药品种已有 1 500 多种，其中常用的 300 多种。按农药的来源可分为生物源农药、矿物源农药和化学合成农药三大类。不同种类农药防治病虫草害的效果不同，对环境和人畜的污染与危害也不尽相同。只有科学、安全地使用农药，才能防止农药对环境和茄子产品的污染，这也是生产无公害茄子的关键。

1. 选用高效、低毒、低残留的化学农药。包括菊酯类、昆虫激素类和少数有机磷制剂。如棚室茄子使用的烟熏剂百菌清、速克灵、一熏灵等，规定允许使用的杀菌剂与杀虫剂如农利灵、瑞毒霉、卡死克、粉锈宁、加瑞农、宝路、乐斯本、植保灵、抑太宝、多菌灵、乙磷铝、托布津、锐劲持、波尔多液等。

2. 禁止使用剧毒、高毒和高残留农药。一般而言，农药必须经过农药管理部门的卫生毒理学和环境毒理学预评价及再评价后，才能确定其是否允许使用、限用和禁用。高毒、剧毒、使用不安全的农药，具有各种慢性毒性作用的农药，高残留、高生物富集性的农药，含有特殊杂质的农药，致畸、致癌、致突变的农药，代谢产物有特殊作用以及对植物不安全、有毒害的农药，产生二次中毒及二次药害的农药，对环境和非靶性生物有害的农药就会被禁用或限用。我国蔬菜安全生产中禁止使用的剧毒、高毒和高残留农药主要有六六六、杀虫脒、赛力散、甲胺磷、嘧啶氧磷、一〇五九、氧化乐果、溴甲烷、一六〇五、敌枯双、滴滴涕、涕灭威、甲基一六〇五、久效磷、苏化203、氟乙酰胺、呋喃丹、甲基硫环磷、西力生、五氯酚钠、三九一一、杀虫威、三氯杀螨醇、二溴氯丙烷等。

3. 推广应用生物农药。茄子主要病害防治中常用的生物农药有真菌杀菌剂、抗生素杀菌剂、海洋生物杀菌剂、植物杀菌剂；用于防治虫害的生物农药有植物杀虫剂、真菌杀虫剂、细菌杀虫剂、病毒杀虫剂、抗生素杀虫剂等。

4. 严格遵守农药使用准则，科学安全用药。我国农药使用准则国家标准中对农药的品种、剂型、施药方法、最高药量、常用药量、最高残留量、最后一次施药与收获的间隔天数和最多使用次数都做了具体规定。在使用农药时，要针对病虫草害发生的种类和情况，选用合适的农药品种、剂型和有效成分；要根据规定适量用药，控制用药次数，不能随意加大用药量、增加施药次数；要严格遵守农药使用的安全间隔期，最后一次施药到采收的时间一定要超过农药的安全间隔期，更不要在采收前后随意施药，以保证产品中农药残留量低于最大允许残留量。

四、采用先进的配套栽培技术

茄子安全生产是一项系统的生态工程，涉及多学科和多方面的组合与配套，要求栽培、采收、运输、贮藏保鲜、加工直至销售的全过程都必须减少和避免各种有毒物质与有害环境对产品的污染，任何一个环节的失误都会直接影响产品的安全。

1. 改善田间生态条件，建设高标准菜田。配套完善水利设施，做到需水时保灌溉，降雨时及时排。采取措施降低地下水位，防渍防涝。严禁污水灌溉和大水漫灌。

2. 种子处理。选用优质高产抗病品种，严格对种子进行消毒，培育壮苗。

3. 加强栽培管理。增施有机肥，提高土壤肥力，合理耕作，科学轮作，配方施肥，减少病虫害发生。

4. 选用适当形式的设施栽培和配套技术。加强棚室内温、水、气、光的管理与调控，确保植株与果实生长，减少病虫草害。有条件的地区可大力推广无土栽培。

5. 推广病虫草害绿色防控技术。注意清洁田园、棚室；重视土壤消毒、种子消毒及科学轮作；加强病虫害预测预报；推广生物防治技术和物理防治技术；利用细菌、真菌、病毒来消灭害虫；利用捕食性天敌和寄生性天敌来消灭害虫；利用昆虫外激素及内激素来治虫，如迷向、调节蜕皮变态、诱杀等；推广防虫网栽培技术；还可以利用微生物等办法来降解土壤中的农药残毒。

五、产品的后期流程防止污染

除基地环境和生产过程严格防止污染外，在产品采收直至销售等后期流程的各个环节，也应采取相应的措施防止产品污染。

1. 采收 采收时，应尽可能保持产品清洁卫生无污染，保持茄果无泥沙、无病斑、无伤损、无水分，防止破损、腐烂与霉变。

2. 贮藏 贮藏保鲜期间，应选用适当的贮藏保鲜方法和贮藏条件，防止茄果受到污染。贮藏场所应注意控制好温度和湿度，注意通风，防止自然变质。

3. 运输 运输过程严格防止过重的堆压、机械损伤，注意运输过程的通风和温湿度的控制，防止腐烂与霉变。

4. 加工 加工过程应按照规定操作，控制防腐剂、添加剂使用不当所造成的污染。

六、建立完善的产品监控和检测制度

农产品监测机构不仅要定期对基地环境及田间未收获的茄果进行检测，还要对市场销售的产品进行检测。只有检测合格的茄果才允许上市销售，对私自销售农药残留和重金属超标的要坚决予以打击。

第四节 茄子产品的安全标准

我国的蔬菜分为普通—无公害—绿色—有机四个等级。普通蔬菜在农村集市、菜场等随处可见，安全性无保障。无公害蔬菜和有机蔬菜是国际上对蔬菜品质的认证标准，而绿色蔬菜则是我国对蔬菜的认证标准。目前绿色蔬菜也分为两级标准，较低的一级几乎相当于无公害蔬菜，而高的一级则相当于国际上的有机蔬菜。有机蔬菜生产环境要求严格，栽培技术难度大，短时期内难以普及。无公害蔬菜注重产品的安全质量，是最低的要求，凡是我们吃的蔬菜，都应该是无公害的，这适合我国当前的农业生产发展水平和国内消费者的需求。所以，从 2008 年开始，我国不

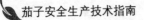

再提无公害，而改为安全、有机蔬菜。

一、产品标准

外观指标要求茄子产品新鲜，成熟适中，大小均匀，无畸形、病斑、虫斑，色泽光亮。

卫生指标要求产品中有毒有害物质残留控制在国家标准规定的限量范围内。即产品中不含有国家禁用的高毒、高残留农药，其他农药残留量不超标；硝酸盐、亚硝酸盐及重金属含量不超标。

表1　茄子产品卫生标准

单位：毫克/千克

项　目		极限指标	项　目		极限指标
镉	≤	0.05	马拉硫磷		不得检出
总砷	≤	0.5	对硫磷		不得检出
总汞	≤	0.01	铅	≤	0.2
氟	≤	1.0	铬	≤	0.4
六六六	≤	0.2	锌	≤	5.0
DDT	≤	0.1	苯并（a）	≤	0.001
DDV	≤	0.2	硝酸盐	≤	432
乐果	≤	1.0	亚硝酸盐	≤	7.8

二、产品包装和运输

茄子采收后应尽快整理，及时包装、运输。

茄子的包装应采用符合食品卫生标准的包装材料；有包装袋

的茄子应有标签标志，注明产品名称、产地、采摘日期或包装日期、保存期、生产单位或经销单位、经认可的无公害茄子标志。

茄子的运输必须采用无污染的交通运输工具，不得与有毒有害物品混装混运。运输时要轻装、轻卸、严防机械损伤。短途运输要严防日晒、雨淋；长途运输要注意保湿保鲜，防止茄子老熟或腐烂。

第二章

茄子生产基地的选择

要种好茄子，首先要掌握茄子的生长与结果习性，了解各种环境条件对茄子生长发育的影响，通过优良的栽培技术，创造适宜的温度、光照、水分、气体、土壤、营养等环境条件，来控制茄子的生长发育，实现优质高产的目标。茄子喜光、喜温、耐肥、半耐旱，在气候温暖、阳光充足、阴雨天少的气候条件下生长发育良好，容易达到高产优质的目的；处在高温多雨、光照不良的环境条件下，往往生产衰落，病害严重，影响产量和品质。

第一节　茄子的生物学特性

从栽培角度讲，从种子萌发到新种子成熟，称为茄子的一个生命周期。茄子的一生可分为种子萌发期、苗期和开花坐果期，这三个生长发育时期彼此联系但性质不同。生产上，从种子萌动到第一片真叶露出前为萌芽期，从第一片真叶吐心至3～4片真叶展开为茄子的幼苗期，当门茄现蕾开花就标志着完成苗期而进入开花坐果期。

一、种子

茄子的种子为扁平的圆形或短卵形，种脐位于一端侧方的凹陷部分。品种不同，其种子形状也不同。一般而言，圆果品种的种子多为圆形，脐部凹入深；长果品种的种子多为卵圆形，脐部凹入浅。新鲜的完全成熟的种子外皮光滑而坚硬，一般为黄色或黄褐色、有光泽；而陈种子、烂种子及采种时淘洗不干净的种子则呈褐色或灰褐色，无光泽。茄子种子体积较小，长 $3.1\sim3.7$ 毫米，宽 $2.6\sim3.1$ 毫米，厚 $0.8\sim1.0$ 毫米，千粒重 $2.5\sim4.5$ 克。

茄子种子的寿命比较长，可长达 $6\sim7$ 年，但保持发芽能力的年限一般为 $2\sim3$ 年。贮藏年份过长的种子发芽率低，播种时常常出苗不齐，造成缺苗或大小苗现象。

茄子种子的寿命与种子的成熟度和贮藏条件等有关。

成熟天数越多，种子的寿命越长，成熟天数短的种子很快就会失去生活力。在植株上完熟的种子，花后 50 天、60 天、70 天采种，室内常温贮藏 1 年后，发芽率分别为 34.0%、96.2%、99.5%；室内常温贮藏 2 年，发芽率分别为 29.8%、93.0%、99.3%；室内常温贮藏 3 年，发芽率分别为 9.5%、91.0%、99.0%。

种子贮藏期间，以温度和湿度对种子的寿命影响最大。茄子种子对干燥的适应性较强，茄子种子贮藏适宜的空气湿度为 30% 左右，室温下只要种子干燥，就可以存活很长时间，但要避免极端降低种子的含水量，一般以种子含水量 7%～8% 为宜。

二、根系

茄子根系发达，主要由主根和侧根组成，主根粗而强壮，垂直向下伸长旺盛，一般深度 1 米左右，最深可达 2 米以上；侧根较短，往四周方向斜下伸展。茄子的主要根群分布在近地表 30 厘米土层中。

茄子的根系木质化相对较早，不定根的发生力较弱，根系被切断或损伤后，再次萌生新根的能力较差，不耐多次移栽。

但在苗期根的横向生长晚，木质化程度低，有较强的恢复能力。

茄子根系的生长发育与土质、土壤肥力和品种有着密切关系。在高肥力土壤中，茄子的根系发达，毛根和须根的数量多。在粘性或砂性重的土壤中，发根少，根系欠发达。茄子的品种不同，其根系发育状态有很大差别。植株枝条横展性的品种，其根群横向生长；枝条直立性强的品种，其根群垂直向下生长发达，呈伞状在土壤深层分布，吸收利用地下水的能力强，抗旱性也较强。

三、茎叶

茄子的茎为圆形，直立，粗壮，密生灰色的星形毛，茎及叶柄一般为黑紫色。茄子的茎分枝能力较强，姿态开张，分枝较为规律，属"假二杈分枝"。

茄子的叶为单叶，互生，形大，有长柄，叶片呈长椭圆形或倒卵圆形，长 15～40 厘米，叶面粗糙而有茸毛，叶尖呈锐尖或钝尖，叶缘呈大波状。叶片颜色因品种不同而有所差异，紫茄品种的叶片一般为带有紫黑色的绿色，白茄和青茄品种的叶色多为绿色。

茄子在 4 片真叶期是营养生长与生殖生长的转折期。生产上，分苗假植一般在 4 片真叶前进行。正常气候条件下，茄子在播种后 40 天、子叶展开后 30 天，茄苗有叶 6～7 片；在播种后 50 天、子叶展开后 40 天，茄苗有叶 10 片；在播种后 60 天、子叶展开后 50 天，茄苗有叶 12～13 片。

四、花与果实

茄子的花为两性花，多为单生，也有 2～4 朵簇生的，白色或紫色，基部合生成筒状，开花时花药顶孔开裂散出花粉。花萼宿存，其上有刺。茄子自花授粉率高，天然杂交率在 $3\% \sim 6\%$ 之间。根据花柱长短不同，可分为长柱花、中柱花和短柱花。长柱花柱头高出花药，花大，色深，容易在柱头上授粉，为健全花；中柱花的柱头与花平齐，授粉率比长柱花低；短柱花的柱头低于花药，花小，花梗细，柱头上授粉的机会非常少，通常几乎完全落掉，为不健全花。

茄子的果实为浆果，形状圆形、长棒状或卵圆形，颜色紫色、红紫色、绿色、白色（浅绿）等。一般每个果实中含种子 $500 \sim 3\,000$ 粒，大圆茄多达 $2\,000 \sim 3\,000$ 粒，长茄 $800 \sim 1\,000$ 粒，小果品种有时仅几十粒。

五、分枝结果习性

茄子的分枝结果较为规律。当主茎达一定叶数，顶芽分化形成花芽后，其下端邻近的两个叶腋抽生侧枝，代替主茎，构成"双杈假轴分枝"；侧枝上生出 $2 \sim 3$ 片叶后，顶端又现蕾封顶，其下端两个腋芽又抽生两个侧枝。如此继续向上生长，陆续开花结果。按果实形成的先后顺序，分别叫门茄、对茄、四门斗、八面风、满天星。茄子主茎上的果实称"门茄"，一级侧枝的果实称为"对茄"，二级侧枝的果实称为"四门斗"，三级侧枝的果实称为"八面风"，以后侧枝的果实称为"满天星"。

实际上，一般只有 $1 \sim 3$ 次分枝比较规律，结果良好，往上的分枝和结果好坏，在一定程度上取决于管理技术水平的高低。

果实发育历经现蕾期、露瓣期、开花期、凋瓣期、瞪眼期、商品成熟期和生理成熟期。各期经历的天数随栽培条件、品种的不同而异。一般从开花到瞪眼 $8 \sim 12$ 天，从瞪眼到商品成熟 $13 \sim 14$ 天，从商品成熟到生理成熟期约需 30 天。

第二节　茄子对环境条件的要求

茄子生长发育和产品器官形成，都要在一定的环境条件下才能进行。在适宜的环境条件下，施以配套的栽培措施，才能实现优质高产的目标。

一、对温度的要求

茄子喜温，耐热性较强，耐寒性较弱，但高温多雨季节易发生病害。不同的生长发育阶段，对温度的要求也有所不同。

种子发芽期。以 30℃ 左右为宜，最低温度不能低于 11℃，最高温度不要超过 40℃。30℃ 条件下，种子发芽需 6~8 天，发芽率较高；20℃ 条件下，发芽延长至 20 多天，且发芽率低；恒温条件下，茄子种子常发芽不良。目前，多进行变温处理，即一昼夜中，20℃ 处理 8 小时（夜间），30℃ 处理 16 小时（白天），经过这种变温处理后的种子发芽快，出芽齐而壮；或用 5 微升/升赤霉素浸泡种子 12 小时，也有利于发芽快而整齐。

幼苗期。最适生长温度 22~30℃（日温 27~28℃，夜温 18~20℃），最高 32~33℃，最低 15~16℃。气温低于 10℃，会引起幼苗新陈代谢紊乱，导致植株缓慢或停止生长；气温低于 7~8℃，茎叶就会受害；在 −1~−2℃ 时，幼苗就会被冻死。茄子苗期的温度管理十分重要，这一阶段不仅要考虑到幼苗的营养生长，还要考虑花芽的分化，为开花坐果、丰产优质打好基础。要特别注意保持一定的昼夜温差，白天保持较高的气温，促进叶片的同化作用，为植株多积累养分；夜间保持略低的气温，利于叶片中的同化物质向植株内部运转，减少呼吸消耗。需要说明的是，若后半夜的温度过高，幼苗容易徒长，抗逆性下降，对培育壮苗不利。

开花坐果期。这一阶段的温度控制是获得高产的关键。一般来说，白天温度应控制在25～30℃，夜间温度18～20℃，地温以17～20℃为宜。白天气温降至20℃以下或超过35℃，都会造成授粉受精和果实发育不良；夜间温度低于15℃，植株生长缓慢，易落花，低于13℃植株生长停止。白天温度过高，花器官生长受阻，花芽发育及受精期易受高温危害，果实膨大期紫色茄子遇30℃以上高温着色不良。

二、对光照的要求

茄子喜光，生长期对日照长度要求较高。长日照条件下生长旺盛，茄子苗期连续24小时光照处理，花芽分化快，开花早。光照弱，光合作用降低，产量下降，色素形成不好，紫色品种着色不良。阳光中270纳米波长（为远紫外光）的光对果实着色有利，实际上200～380纳米的紫外光区对紫色茄子着色都有或多或少的影响。但紫外光过强时，茄子色素形成受抑制，也会影响茄果着色，华北地区的麦收前后是这一现象的高发时期，应注意调节播期避开，或采取改善田间小气候措施加以预防。幼苗时期光照不足，植株生长细弱，开花期延迟，长柱花减少，短柱花增多，坐果率低。

三、对水分的要求

茄子叶片大，结果较多，需水量较大，每株茄子从育苗到结束生长消耗水为100～120千克。水分不足时，结果少，果面粗糙，品质差。但水分过多或降雨造成排水不良，会引起烂根。通常情况下，土壤田间最大持水量以70%～80%，空气相对湿度70%～80%为宜。不同生育阶段对水分的要求有所不同。

幼苗发育初期。要求床土湿润，空气比较干燥。这个阶段，如果温度和光照条件良好，苗床水分充足，则幼苗生长健壮，花芽分化数量多，质量好。所以，育苗时，常选择保水能力强的壤土做床土，浇足底水后可减少播种后的浇水次数，既可保持苗床有稳定的温度和湿度，又降低了空气湿度，利于培育壮苗和花芽分化。

开花坐果期。应以控水为主，只要不旱，就没有必要浇水。主要是避免营养生长过旺，保持营养生长与生殖生长的平衡。

结果期。这一阶段，随着茄子迅速生长，需水量逐渐增大，至收获前后需水量最大，要尽量满足茄子对水分的需求。但要防止土壤过湿，否则易出现沤烂根现象。

四、对气体的要求

茄子的生长发育要求有充足的氧和二氧化碳。土壤中氧的含量对茄子根系的生长发育有着极大影响，如果土壤积水，含氧量太低，会导致茄子根系窒息以致腐烂死亡；空气中的氧气含量大约为21%左右，能够满足植株地上部分对氧气的需求。

在适宜的温度和光照条件下，适当增加空气中二氧化碳的浓度，能增加光合作用强度，增加茄子的产量，尤其是保护地栽培的茄子，这种效果会更加明显。试验证明，如果将保护地内二氧化碳的含量从0.03%提高到0.09%～0.15%，不仅开花、结果数增加，而且果实重量也有所增加。但是，空气中二氧化碳的浓度过高，又会对茄子植株产生抑制作用。

在保护地栽培条件下，茄子处于相对密闭的环境中，容易造成氨气、亚硝酸气体、二氧化硫、一氧化碳等有毒气体的积累，当这些气体累积到一定的含量时，会对茄子的生长发育造成毒害。

五、对土壤及养分的要求

茄子对土壤要求不严，所以能在全国各地广泛栽培。但以富含有机质、土层疏松肥沃、排水良好的沙质壤土为最好，土壤酸碱度以微酸至微碱（pH6.8～7.3）为宜。茄子是耐肥的蔬菜，对氮肥要求高，同时对磷、钾肥需要也较高。特别在幼苗期，如磷、钾肥供应充足，有促进根系发达、茎叶粗壮、提高花芽分化的作用，磷、钾肥作基肥施用。开花结果盛期，需大量氮肥和钾肥，此时及时追肥，以充分供给果实发育膨大需要，否则影响经济产量的形成。以茄子单株全生育周期吸收氮素和磷、钾、钙、镁营养元素的氧化物计重，氮素 16.7 克、五氧化二磷 8.5 克、氧化钾 39.3 克、氧化钙 10.1 克、氧化镁 4.8 克，经济产量高的品种，实际需求还要大于这个一数值。

第三节　茄子安全生产基地的选择

选择茄子产地时，其温度、光照、水分、气体、土壤及养分等环境条件既要满足茄子的生长发育要求，又必须符合国家有关标准。所谓产地环境是指影响茄子生长发育的各种天然的和经过人工改造的自然因素的总体，包括农业用地、用水、大气、生物等。环境条件符合茄子生长发育要求，其产量和品质就高，就能满足人们的需要，就能保证人们的身体健康，种植的经济效益就高；环境条件不符合茄子生长发育特性，其品质和产量就低，就不能满足人们需要，种植效益就差。若产地环境不符合国家有关标准和规范，所生产的茄子就会含有对人体有害的重金属等物质，将会被国家强制禁止上市甚至销毁。

一、地域及面积要求

茄子产地应避开交通要道，至少远离公路 100 米以上，周围2 000 米内没有大气污染源；地表水、地下水水质清洁无污染，并远离易对水质造成污染的厂矿企业等。

一般无公害茄子基地要连片，露地栽培面积不少于 10 公顷，日光温室不少于 50 栋，设施栽培面积不少于 6.7 公顷。

二、产地灌溉水质标准

灌溉水质量应符合 NY 5010—2001 标准的规定。

表 2　灌溉水质量指标　　　　　单位：毫克/升

	项　目		极限指标		项　目		极限指标
1	生物需氧量	≤	80	13	氟化物	≤	2.0
2	化学需氧量	≤	150	14	氰化物	≤	0.50
3	悬浮物	≤	100	15	石油类	≤	1.0
4	酸碱度		5.5～8.5	16	挥发酚	≤	1.0
5	含盐量		1000	17	苯	≤	2.5
6	氯化物		250	18	三氯乙醛	≤	0.5
7	硫化物		1.0	19	丙烯醛	≤	0.5
8	总汞	≤	0.001	20	硼	≤	2.0
9	总镉	≤	0.005	21	粪大肠菌群	≤	10 000
10	总砷	≤	0.05	22	蛔虫卵数	≤	2
11	总铬 Cr	≤	0.10	23	水温	≤	35℃
12	总铅	≤	0.10				

三、产地空气质量标准

茄子产地环境空气质量应符合 NY 5010—2001 标准的规定。

表3　空气质量指标

项　目	日平均浓度	任何一次实测浓度	单　位
总悬浮颗粒物	0.30		毫克/立方米（标准状态）
二氧化硫	0.15	0.50	毫克/立方米（标准状态）
氮氧化物	0.10	0.15	毫克/立方米（标准状态）
铅	1.50		微克/立方米（标准状态）
氟化物	5.00		微克/平方米·日

四、产地土壤质量标准

产地土壤质量应符合 NY 5010—2001 标准的规定。土壤的酸碱性不同，其镉、汞、砷、铅、铬、铜等含量标准略有差别。

表4　土壤环境质量标准　　单位：毫克/千克

项　目	极　限　指　标		
	pH<6.5	pH6.5～7.5	pH>7.5
1　镉≤	0.3	0.30	0.60
2　汞≤	0.3	0.5	1.0
3　砷≤	40	30	25
4　铜≤	50	100	100
5　铅≤	250	300	350
6　铬≤	150	200	250
7　锌≤	200	250	300
8　镍≤	40	40	60
9　六六六≤	0.05	0.05	1.0
10　DDT≤	0.05	0.05	1.0

只有在符合上述产地环境条件的地区内，才会生产出符合安全质量要求的茄子。因此，在选择茄子生产基地时，必须严格执行以上标准，确保在生态环境达标区内组织生产。

茄子安全生产配套技术

第一节　选用品种

我国茄子种质资源十分丰富，是目前保存茄子种质资源最多的国家，仅中国农业科学院蔬菜花卉研究所的国家蔬菜种质资源中期库就保存茄子及其近缘野生种资源 1 601 份（2005 年统计数据），其中列入《中国蔬菜品种资源目录》的各种不同类型茄子种质资源共有 1 468 份，作为主要种质资源列入《中国蔬菜品种志》的有 220 份。

茄子在我国长期的栽培驯化过程中，随各地生态环境和消费习惯的不同，形成了众多相对稳定的地方品种类型。随着各地农业结构调整步伐的加快，近年来，我国又相继从国外引进、试验、筛选了一大批茄子品种，为茄子栽培提供了更大的选择空间。

一、品种类型及特点

茄子的品种可根据果实形态、植株形态或成熟期早晚来分类。

根据成熟期，可分为早熟、中熟和晚熟 3 类。

根据果皮的颜色，大致可分为紫茄、红茄、绿茄、白茄等类型。紫茄有深紫色、浅紫色、黑紫色、紫红色，也有紫绿相间条纹色；绿茄有深绿色、浅绿色、青绿色，也有白绿相间条纹色；白茄有纯白色、黄白色等。

按不同地区气候条件的差异，可将茄子分为 4 个不同生态品种群，即：南亚热带品种群、北亚热带品种群、南温带品种群、中、北温带品种群。南亚热带品种群主要分布于起源中心附近，包括中国的广东、广西、海南等省；北亚热带品种群主要分布于湖南、湖北、浙江等省；南温带品种群主要分布于河北、山西、山东、辽宁南部；中、北温带品种群主要分布于黑龙江、吉林及辽宁和内蒙古北部等地。

目前多数人习惯按果实的形态把茄子分为圆茄类、长茄类和卵（矮）茄类，也就是植物学上的 3 个变种。

近几年，国内外又培育出许多观赏茄子品种，并进行艺术化栽培，给人们的生活增添了无限乐趣。

袖珍蔬菜是近年来国际上流行的新趋势，袖珍茄子开始在日本等发达国家发展起来，我国台湾也在大量栽培，国内刚刚起步，尚为稀特品种。

1. 圆茄类茄子的特点　该类茄子果实为圆球形，扁球或椭圆球形，果皮黑紫色、紫色、绿色、白色等；果实大，单株结果较少，单果重约 300～1 000 克；果皮厚，肉质较紧密，质地硬，品质好，较耐贮藏和运输；植株高大，茎秆粗壮；叶片大，宽而厚；植株长势旺；果实大多成熟晚。

由于这类茄子植株高大，果实成熟较晚，因而不适宜密植栽培；又因为这类茄子的耐阴耐湿的能力较差，所以在实际生产中多用作露地栽培，温室栽培茄子则很少选择这类品种。个别地区为适应市场及消费习惯，需要进行晚熟高产栽培时，也有许多选用这类品种进行小拱棚或大棚成功栽培的典范。

这类品种多在我国北方栽培，尤以华北、西北地区栽培较多。代表品种有北京六叶茄、九叶茄、徐州早圆茄、天津大民茄、北京七叶茄、安阳茄、济南长大茄、冠县黑圆茄等。

2. 长茄类茄子的特点 这类茄子果实为细长形或长棒形、短棒形，先端有的有尖嘴或鹰嘴状突起，依品种不同，果实长度从 25 厘米至 40 厘米不等，果形指数 3～4；果皮薄，肉质疏松，柔软，种子较少，果实不耐挤压，耐贮运性较差；植株高度及长势中等，分枝较多，枝干直立伸展；叶片小而狭长，绿色；花型较小，多为淡紫色；结果数多，单果较轻；果实大多成熟较早。

这类茄子株型较小，且较耐阴耐湿，适合密植，比较适宜于保护地栽培，特别适合于冬季温室栽培，所以这类品种在保护地栽培中应用比较普遍。露地栽培中，除一些长茄类品种的传统栽培区域仍在沿用外，其他的栽培新区一般不选用这类品种。

这类品种适宜于温暖、湿润、阳光充足的气候条件，在我国南方、北方普遍栽培，尤以南方栽培最多。

代表品种有北京线茄、上海玉茄、杭州红茄、宁波藤茄、南京紫长茄、苏州牛角茄、柳条青、成都墨茄、广东紫茄、龙茄 1 号、盖县紫长茄、莱阳线茄等。

3. 卵（矮）茄类茄子的特点 这类茄子果实较小，卵或长卵、椭圆形或扁圆形，形似灯泡；果肉有的较松软，有的较致密，种子较多，品质欠佳；植株较矮，枝叶细小，生长势中等或较弱；叶开张，叶片薄、缺刻少，叶色淡绿；花型小，多为淡紫色。果实产量较低，但早熟性好，主要用于早熟栽培。

这类茄子的适应性较强，露地和保护地栽培均可，但由于这类品种的结果期短，果实品质较差，所以目前这类品种仅用于春季露地早熟栽培、小拱棚栽培和塑料大棚春季早熟栽培。常见的品种有北京小圆茄、北京灯泡茄、锦州小火茄、天津快圆茄、西安绿茄、济南大红茄、安阳大红茄等。

4. 观赏茄的特点 最近几年，国内外流行观赏蔬菜，观赏茄子是其中之一。观赏茄子多盆栽于室内用作观赏，这类茄子聚五彩缤纷于一身，集食用和观赏于一体，婀娜多姿，相映生辉，惹人喜爱，既是高档宴席上的美味佳肴，给人以营养、保健的味

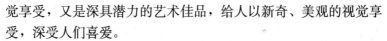

觉享受，又是深具潜力的艺术佳品，给人以新奇、美观的视觉享受，深受人们喜爱。

观赏茄子的表皮颜色有紫黑、白、紫红、大红等，有些品种果实颜色最初为银白，成熟后逐渐转为金黄色，点缀在整株上看起来五彩纷呈；而果实形状有鸡蛋形、五指形、圆球形等，似金银珠宝悬挂其中；这类茄子体态小巧，株高30～40厘米，株冠25～50厘米，果实长4～6厘米，直径3～4.5厘米，单果重10～45克。

观赏茄子的常见品种有五角茄、观赏茄、乳茄（又名牛头茄、五指茄、黄金茄等）、金果茄、金银茄、观赏蛋茄、小丸茄子等。

5. 袖珍茄子的特点 袖珍茄子与一般茄子在外部形态上没有明显的区别。国外是把那些单果重特别小的品种称为迷你茄，即袖珍茄子。为了划分方便，通常把单果重100克以下的茄子品种列为袖珍茄子。

二、我国茄子地方品种类型分布区域

通过对国家蔬菜种质资源中期库保存的茄子及其近缘野生种资源统计分析表明，虽然我国各地茄子地方品种数量不同，品种类型地域间差异很大，但是区域内各地主栽品种类型比较相近，大致可以分为7个地方品种类型分布区域。

1. 圆果形茄子区 包括北京、天津、河北、内蒙古中部、河南、山东北部和山西大部分地区。地方品种以圆果形为主，除河南以栽培绿皮茄子品种为主外，这一区域内栽培的茄子主要是紫皮茄子，只是各地消费习惯不同对果皮的紫色深浅要求有差异。

北京主要栽培和消费的是黑紫色圆果形品种和少量的黑紫色长果形品种，特别是以黑紫色扁圆形品种居多；天津主要是紫色或紫红色高圆形品种；内蒙古中部主要以紫色圆形或卵圆形品种为主，少数地方栽培有紫色长果形品种；河北省以紫色圆形和扁圆形品种为主，圆果形品种占河北地方品种总数的 91.0%，在河北的南部有少量的白色果皮品种栽培；河南省以绿色卵圆形茄子品种栽培较多，圆果形占总地方品种的 92.0%，皮色为绿色的品种占 65.0%；山东地方品种主要以紫色圆果形品种为主，果皮为紫色的品种占 92.0%，也有少部分绿色果皮品种和白色果皮品种栽培；山西地方品种主要以紫色果皮品种为主，晋中、晋西和晋东南以紫色圆茄为主，晋北和晋南以紫色长茄为主，也有少部分绿色果皮品种和白色果皮品种栽培。

2. 黑紫色长棒形茄子区 包括黑龙江、吉林、辽宁和内蒙古东部一些地区。主要以栽培黑紫色长棒形茄子为主。近年来随着冬春保护地茄子栽培的发展，紫色果皮品种在保护地栽培由于光照强度和光质的影响着色不好，特别是在覆盖绿色塑料棚膜的大棚中着色更差，因此在辽宁等地绿色长棒形茄子品种的早春保护地栽培发展很快。

黑龙江、吉林及内蒙古东部的一些地方主要以黑紫色长棒形品种为主，有个别的绿色卵圆形品种；辽宁茄子地方品种中紫色果皮品种占 55.0%，绿色果皮品种占 34.0%。

3. 紫红色长条形茄子区 包括江苏南部、浙江、上海、福建、台湾等地。主要以紫红色长条形茄子为主，其中江苏、浙江和上海一带喜欢栽培紫红色长条形茄子。

江苏主要以紫色长果形品种为主，紫色果皮品种占 73.0%，绿色果皮品种占 13.0%，还有少量白色果皮品种；浙江主要是长条形品种，紫色果皮品种占 81.0%，有少量的绿色果皮品种栽培；上海地方品种主要是紫色长果形品种；福建地方品种基本上是紫色长条或长棒形品种，但也有近 23.0% 的白色长果形品种；台湾品种基本是紫色长果形品种。

4. 紫红色长棒形、卵圆形茄子区 包括安徽、湖北、湖南、

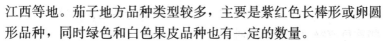

江西等地。茄子地方品种类型较多，主要是紫红色长棒形或卵圆形品种，同时绿色和白色果皮品种也有一定的数量。

安徽主要以紫色圆果形品种为主，地方品种中圆果形品种占67.0%，紫红色果皮品种占64.0%，绿色果皮品种占25.0%，还有11.0%的白色果皮品种；湖北以紫色长果形品种为主，紫色果皮品种占72.7%，绿色果皮品种占18.0%，还有少量的白色长果形品种栽培；湖南地方品种中卵圆和长卵圆形品种占70.0%，紫红色果皮品种占84.0%，白色果皮品种占12.0%，还有少量的绿色果皮品种；江西栽培的是紫色长卵圆形品种，个别地方有绿色或白色果皮品种。

5. 紫红色长果形茄子区　包括广东、海南和广西。这一地区栽培较多的是紫红色长果形品种，伴有部分白色和绿色果皮品种栽培。

广东以紫色长果形品种为主，地方品种中长果形品种占89.0%，紫红色果皮品种占85.0%，白色果皮品种占11.0%，有少量的绿色果皮品种；海南77.0%的地方品种是紫红色果皮品种，绿色果皮品种占22.0%，卵圆形和长果形品种各占一半；广西地方品种几乎全是紫色长果形品种。

6. 紫色卵圆（高圆）形茄子区　包括陕西、甘肃、宁夏、新疆和青海等地。主要栽培的是紫色卵圆或高圆形茄子，有部分绿色果皮和白色果皮品种栽培。

陕西地方品种中圆果形品种占总数的67.8%，其中陕北当地品种中圆形茄子占总数的81.0%，关中当地品种中圆形茄子占总数的54.0%，陕南当地品种中圆形茄子占总数的58.0%，主要是紫色果皮品种，有少量绿色和白色果皮品种；甘肃地方品种中以卵圆形果居多，几乎全部是紫色果皮品种；宁夏主要栽培的是紫色圆果形品种，有少量的白色圆果形品种和紫色长条形品种栽培；新疆地方品种中长果形和圆果形品种数量基本各占一半，98.0%以上的是紫色果皮品种；青海茄子地方品种较少，当地栽培的基本上是引进品种，主要栽培的是紫色长果形品种和一些紫色或绿色卵圆形品种。

7. 紫色棒形、卵圆形茄子区 包括重庆、四川、云南、贵州、西藏，当地栽培的地方品种较多，类型多样，长果形和圆果形品种均有栽培，长果形品种中以长棒形居多，圆果形中以卵圆形和长卵圆形居多，果皮色多数为紫色。

重庆地方品种主要是紫色棒形和长卵圆形品种，有个别地方栽培绿色果皮品种；四川地方品种中长果形品种占 51.7%，圆果形品种占 47.6%，圆果形品种中主要是卵圆形和长卵圆形品种，长果形品种主要是棒形，紫色果皮品种占 87.1%；云南地方品种中长果形占 53.2%，圆果形占 45.8%，紫色果皮品种占 79.1%，绿色果皮品种占 13.2%，白色果皮品种占 7.7%；贵州地方品种中圆果形品种和长果形品种各占一半，大部分是紫红色果皮品种；西藏栽培的茄子品种大部分是从四川引入的，栽培类型和四川相似。

三、栽培的主要品种

（一）地方品种

1. 长茄品种 目前常见的长茄优良品种主要有北京长茄、济南早小长茄、济南长茄、济杂晚长茄 7 号、鲁茄 1 号、鲁茄 2 号、济丰 3 号、辽茄 7 号、辽茄 4 号、熊岳紫长茄、沈茄 1 号、农友长茄（704）、成都墨茄、早熟墨茄、龙茄 1 号、齐茄 3 号、长茄 1 号、长虹 2 号、中日紫茄、黑秀茄 2 号、棒绿茄、湘杂 1 号、白长茄、株茄 1 号、柳条青、紫羊角茄、油瓶茄、94-1 早长茄、黑又亮大长茄、8892 长茄、704 紫长茄、金山长茄、真仙中长茄、徐州长茄、红丰紫长茄、引茄 1 号、鄂茄 1 号、8591、杭州红茄、杭茄 2 号、杭茄 3 号、早茄 2 号、早茄 3 号、宁波藤茄、扬茄 1 号、9318 长茄、秀玉茄子、冷江茄子、紫衣天使、紫阳长茄、苏畸茄、苏条茄、兰竹长茄、8316长茄、苏长茄、新疆长茄、齐杂茄2号、青选长茄、天正茄1号、华茄1号、吉茄1～4号、紫荣长茄（2号、4号）、早丰红茄、早丰2号红茄、如意紫茄、粤丰紫茄、敦和茄、福州杂交一代茄子、胭脂茄、早红茄、绿油茄、渝早茄1号、黑阳长茄、紫阳长茄、鲁蔬长茄1号、西星长茄1号、淄茄1号、汉洪（红）2号、红茄034、湘杂7号、浙丰茄1号、齐茄1号、湘杂6号、湘杂9号、枫木紫长茄、长丰红茄、长丰2号红茄、红丰紫长茄、琼2号紫长茄、紫贵人等。

2. 圆茄品种 圆茄品种一般植株高大，叶片宽而厚，果实圆球形、扁圆球形或椭圆形，果实紫色、黑紫色、红紫色或绿白色。圆茄品种不耐湿热，多数品种为中晚熟，我国北方地区栽培较多。主要品种有六叶茄、七叶茄、九叶茄、七叶茄-318、海花茄、京茄1号、京茄2号、京茄3号、丰研1号（黑又亮）、圆杂2、湘早茄、天津快圆茄、安阳大红茄、圆丰1号、天津二苠茄、新乡糙青茄、黑圆星茄、大民茄、青棱茄、滨州圆茄、沧海2号、黑贝1号圆茄、毛圆茄、紫光大圆茄、圆茄王、辽茄8号、圆杂1号、圆杂2号、丰研2号、改良黑先锋、蒙茄4号、辽茄3号、齐茄3号、内茄1号、呼茄1号、西安绿茄、茄杂1号等。

3. 矮茄品种 矮茄品种多数早熟，植株矮小，叶片小而薄，果实卵形或长卵形，种子较多，品质较差。主要有灯泡茄、辽茄2号、辽茄5号、紫灯泡、济丰3号灯泡茄、浙茄75、济南一窝猴、天津中心茄、内茄2号、青丰1号、鲁茄1号等。

4. 彩色茄品种 目前，我国栽培的彩茄品种主要有金银茄、东方白果、美洲红茄、橘红1号、乳茄、艳茄、彩茄1号、袖珍白茄、羽黑一口丸茄子、山紫长茄子、小丸茄子等。

5. 袖珍茄子品种 袖珍茄子的植株生长强健，分枝力强，座果率高，每个花序可结2～3个果，果实为白色，晚熟果为黄色，观赏价值很高，抗病强，可用作花坛观赏栽培或盆栽观赏。

我国目前栽培的袖珍茄子主要引自日本，如羽黑一口丸茄子、山紫长茄子、小丸茄子等。

（二）引进品种

我国在注重自己选育茄子新品种的同时，也注重对国外优良茄子品种的引进工作。近年来，我国引进的品种主要有布利塔（Brigitte）、尼罗（NiIo）、安德烈（Andrea）、郎高（Longo）、东方长茄（10 - 765、10 - 702、10 - 704、10 - 707）、月神（A118）、卡拉奇（Karatay）、西方长茄（WA6001）、西方短茄（WA6008）、紫珠（Glades）、长紫（Long purple）、百盛（Bantane）、旺龙、紫龙、大黑龙、东京太郎、玛当娜、黑龙长茄、日本黑又亮、日本黑龙王、艳丽长茄、黑王、麒麟长茄、黑小锦茄子、紫丽茄子、黑寿长茄、黑寿特长、黑寿中长、紫园大丸、兆民、黑神、雅紫、英帕斯、新黑珊瑚长茄、驾洛长茄、黑船茄子、美丸、WS0501、绢皮水、超极限、飞天长茄、美国黑珊瑚、紫衣天使、紫仙长茄（Purple Santa）、麦哈克（Mahaco）、绿宝石、美国黑金、利箭（F1）、博尼卡（Bonica F1）、托巴兹（rl：opaz F1）长茄、安久（Anju F1）灯泡茄、哈利特（Harit F1）长茄、牟尼卡（Munica F1）长茄、利玛（Rima F1）长茄、朗多娜（Rondona F1）长茄、英姿（Command F1）长茄、艾鲁（F1）长茄、丰度（F1）、利塔丰（F1）长茄、阿瑞甘（HA - 1726F1）长茄、高原101（F1）长茄、圣托斯、托鲁巴姆、黑冠长茄、惠美长茄、菲斯丽、日本黑贵人、日本剑龙、美国黑龙王、黑美人、黑妹、布尼塔、黑贝、黑箭、S - 5066、万盛维也塔、黑长龙、银杂11F1、银杂12F1、银杂13F1、银杂35F1、东方长茄、法国野狼茄等。

这些品种共同的特点是抗性强，露地、保护地均可栽培，且产量高，多数品种产量在 15 000 千克/666.7 米^{2}以上，个别品种可达 25 000 千克/666.7 米^2。

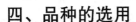

四、品种的选用

（一）依据栽培方式选择茄子品种

1. 露地栽培　茄子喜温、怕热、怕霜冻，露地栽培只能在无霜期内进行。因栽培季节和栽培目的不同，通常可分为露地早熟栽培、夏秋季栽培和露地延晚栽培。

露地早熟栽培宜选用早熟、耐寒、抗病并且植株相对矮小、直立性强、分枝较少的卵圆形品种，如济南早小长茄、鲁茄 1 号、灯泡茄、天津快圆茄、北京六叶茄、万吨早茄、二芪茄、意大利早茄、丰研 1 号、泰科早圆茄、绿茄 1 号、圆杂 2 号、西安绿茄、长虹 2 号、辽茄 4 号、圆丰 1 号、辽茄 5 号、9318 长茄 2、中日紫茄、真绿茄、新乡糙青茄等。

夏秋季栽培宜选用耐热、抗病的晚熟品种，如安阳大红茄、苏畸茄、紫秋、浙茄 3 号等。

露地延晚栽培宜选用植株高大、直立性强、叶片较肥大、叶色较深的中长或圆形品种，如七叶茄、九叶茄、紫光大圆茄、滨州圆茄、茄杂 2 号、短把黑等。

2. 保护地早熟栽培　保护地栽培茄子以早熟为目的，应选用早熟、耐寒、耐弱光、抗病且植株比较矮小、开张度不大、果实发育快的品种；同时，要考虑茄子的区域性、消费习惯及市场需要；还要根据所选用的设施类型和栽培目的来选择品种。

采用大棚进行春早熟栽培应选用耐寒性强、抗病、坐果多、果实生长快并且与当地消费习惯一致的优良早熟品种，如德州小火茄、天津快圆茄、辽茄 3 号、丰研 2 号、杂交紫长茄等。

采用小拱棚进行春早熟栽培应选用较耐弱光、对低温适应性强、长势中等、门茄节位低、坐果率高且果实生长速度快的早熟品种，如鲁茄 1 号、北京六叶茄、济南早小长茄、龙茄 1 号、苏州条茄、早紫茄、意大利圆黑茄、紫圆茄、二苠茄、五叶茄、北京六叶茄、圆杂2号、圆丰1号、辽茄5号、黑秀茄、棒绿茄、辽茄7号、紫线茄、沈杂茄、齐杂茄、龙杂茄等。

3. 保护地秋延后栽培　茄子的保护地秋延后栽培应选择耐高低温、耐湿、抗病、长势强、结果集中、果个大、品质优的中晚熟品种，如万吨长茄、湘早茄、济丰3号、苏畸茄、湘杂6号、华茄1号、茄杂2号、黑茄王、滨州圆茄、长茄1号、安阳大红茄、九叶茄、丰研1号、黑丽条茄等。

4. 日光温室越冬栽培　日光温室越冬栽培茄子时应选用耐寒、耐弱光、抗病、丰产、果实生长快、品质优、商品性好的品种，如吉茄1号、济杂长茄1号、青选长茄、94-1、辽茄7号、快圆茄、兰竹长茄、圆杂2号、9318长茄2、尼罗、布利塔、郎高、新乡糙青茄、济丰3号、天津二苠茄、黑山长茄等。

（二）根据消费习惯选择茄子品种

我国各地均有茄子栽培，但各地对茄子的消费需求差别较大。北京及华北地区喜爱圆茄，西北地区偏爱绿茄，广东人喜爱红茄，云南、四川人喜欢黑茄，长江流域则多喜食紫色长茄等。因此，要根据当地的消费习惯选择适销对路、品质优良、商品性好的品种。

喜爱紫茄的地区可选择六叶茄、七叶茄、九叶茄、丰研1号、丰研2号、长茄1号、齐茄1号、龙茄1号、苏州条茄、紫线茄、济南大长茄、济丰3号、辽茄4号、辽茄7号、长虹2号、鲁茄1号、天津快圆茄、中日紫茄、圆杂1号、圆杂2号、9318长茄2、苏畸茄、黑秀茄2、圆丰1号、湘早茄2、蓉杂茄1号、吉茄2号、郎高、齐东紫茄、紫光大圆茄、玫茄1号、丰宝紫红茄、郑州早紫茄、紫长茄3号、紫罐茄、罗兰紫茄、超极限、黑旋风紫长茄、京茄15号、黑快茄、黑又亮、西安紫圆茄等。

喜食绿茄的地区可选择青秀茄子、周茄 2 号、豫茄 1 号、绿宝石、绿油茄、绿茄 4 号、绿茄 3 号、绿茄 1 号、辽茄 2 号、辽茄 5 号、沈茄 2 号、新乡糙青茄、真绿茄、绿罐、绿抗茄、群兴绿茄、农城绿茄 1 号、西安绿茄、绿茄 2 号、东亚绿茄、绿茄霸、绿萃 1 号、国力绿长茄、绿健 TM 早茄等。

喜欢白茄的地区可选择白玉、白茄 1 号、白茄蛋、东光白茄、邯郸大白茄、袖珍白茄、浙茄 88、浙茄 86 等。

（三）依据病虫害发生情况选择茄子品种

茄子栽培的方式不同，其对病虫害的抗性也有差异。露地栽培时，应选用抗黄萎病、绵疫病、褐纹病及病毒病的品种；冬春季保护地栽培时，应选用对黄萎病、灰霉病、褐纹病、早疫病等抗性强的品种。

第二节　选择栽培方式

一、主要栽培方式及其特点

目前，我国茄子的主要栽培方式有传统露地栽培（露地春茬栽培、露地夏季栽培、春连秋地膜覆盖早熟栽培、露地晚茄子栽培）、春季小拱棚早熟栽培、塑料中棚栽培（塑料中棚早熟栽培、塑料中棚秋延后栽培）、塑料大棚栽培（春季塑料大棚早熟栽培、春连秋塑料大棚全年栽培、塑料大棚秋茬栽培）、日光温室栽培（秋冬日光温室高产栽培、冬春日光温室高产栽培、越冬一大茬栽培、早春日光温室高产栽培及日光温室连年栽培）等。

（一）露地栽培

我国地域辽阔，气候条件相差悬殊，决定了茄子露地栽培的时期也不同。华南及台湾地区全年均可栽培，其他地区则在无霜期内进行。长江流域、华北地区断霜后露地育苗或断霜前 2～3 个月冷床、温床育苗，露地栽植；东北、西北等无霜期不足 150 天的地区，于断霜前在温室或温床育苗，春末夏初栽植。

1. 露地春茬栽培 一般于当地晚霜过后，日平均气温在 15℃左右开始定植。华北、西北及东北南部，1 月中旬温室、温床育苗，4 月中旬定植，5 月下旬上市，至 8 月下旬结束；华东、华中及中南地区，1 月上旬电热温床育苗，4 月上旬定植，5 月中旬上市，一直采收到 8 月份；东北北部及内蒙古北部，2 月上旬温室育苗，5 月上旬定植，6 月中下旬上市，采收到 9 月上旬。

2. 露地夏季栽培 4 月下旬至 5 月上旬露地平畦育苗，6 月下旬至 7 月初定植，8 月中旬上市，若管理水平较高，可采收到 10 月份。

3. 春连秋地膜覆盖早熟栽培 多选用生长势强劲、结果能力强且抗病的中晚熟品种，于头年冬季用阳畦育苗，第二年春季露地断霜后栽植于大田中，栽植后覆盖地膜提高地温和保持土壤湿度，栽植后 30 天左右即可开始采收。该茬茄子的生长期因管理水平不同而有所差异。在管理水平较高时，茄子生长期维持时间长，结果期可延续到露地初霜期。我国的华北地区，该茬茄子的收获期可长达 4 个月，666.7 米² 产量可达 5 000 千克。

该栽培模式投资少，栽培容易，多被远离城市的乡村采用。但由于茄子种植较晚，开花结果较迟，果实上市时间正是广大农村露地栽培茄子集中供应旺季，而且以当地或就近销售为主，市场价格较低，经济效益较差。同时，该茬茄子要经过一个夏季，高温多湿条件下，易发生绵疫病、褐纹病等病害及蚜虫、红蜘蛛、棉铃虫等虫害，如果所选用品种对病虫害抗性差，或者病虫害防控不力，容易使植株早衰，减产严重。

（二）春季小拱棚早熟栽培

茄子春季小拱棚早熟栽培多选用耐低温能力强、结果早的早中熟品种，于头年冬季用阳畦育苗，第二年春季露地断霜前半个月栽植于小拱棚内。茄苗栽植后，由于小拱棚内气温及地温均较露天高，茄子可保持良好的长势。当小拱棚内外气温相近时（华北地区 5～6 月份），及时撤去小拱棚，转为露地栽培或地膜覆盖栽培。

　　常见的小拱棚覆盖类型有 3 种。①单一小拱棚栽培。只覆盖一层棚膜保护，生产成本低，操作方便，但保温效果差，定植晚，果实提早成熟的时间短，早熟栽培的优势不明显。②双膜覆盖栽培。就是在小拱棚内加盖一层地膜，既提高了果实的早熟性，又降低了棚内湿度，减轻了病害的发生。③双膜一苫栽培。就是在双膜覆盖栽培的基础上，夜间温度偏低时，在小拱棚上加盖一层草苫保温，果实成熟期进一步提前，早熟栽培的效果更明显。

　　茄子春季小拱棚早熟栽培多被中小城镇郊区及附近的农民采用，与单一地膜覆盖早熟栽培相比，果实上市期提早 20 天左右，且产品主要供应小城镇居民，可维持一个高价销售期，经济效益有所提高。但小拱棚的保护能力毕竟有限，提早栽种的时间、提早成熟的天数较短，短期的高价销售过后，即进入露地栽培茄子的集中供应旺季，价格也随之下跌。

（三）春季塑料大棚早熟栽培

　　茄子春季塑料大棚早熟栽培多选用早中熟品种，于头年初冬用温床、温室等育苗，第二年春季露地断霜前 40～50 天栽植于大棚内。这种栽培方式以果实提早上市、获取较高早期产量和经济效益为目的，多进行密植，并采用相应的配套技术措施，如新法整枝技术等。一般定植后 40 天左右（华北地区 5 月上旬）开始采收上市，价格较高，效益可观。

　　在实际生产中，广大科研工作者及生产者不断对茄子春季塑料大棚早熟栽培技术加以改进和提升，创造了"双膜"栽培、

"三膜"栽培等新模式，使早熟栽培的效果更加明显，栽培效益也进一步增加。"双膜"栽培就是"塑料大棚＋地膜覆盖"，"三膜"栽培就是"塑料大棚＋小拱棚＋地膜覆盖"。

"双膜"、"三膜"栽培的投资大、成本高、技术复杂、管理严格，多在生产条件较好的大中城市附近及设施栽培起步较早、经济基础较厚、技术水平较高的蔬菜生产基地应用。

（四）春连秋塑料大棚全年栽培

茄子春连秋塑料大棚全年栽培多选用适应性强、抗病、结果能力强的中晚熟品种，于头年冬季用塑料棚、温室等育苗，第二年春季露地断霜前 40 天栽植于大棚内。栽培过程中，采用新法整枝技术和夏季遮阳技术，可获得较高的产量和较长的生产供应期。华北地区一般 5 月份开始采收上市，一直到晚秋露地初霜后才停止，666.7 米^2 产量可达 7 000 千克。

茄子春连秋塑料大棚全年栽培要贯穿早春、盛夏、晚秋三个时期，栽培难度较大，要求的技术含量高，管理措施也必须环环相扣，才能达到预期目的，获得理想的经济效益。

这种栽培模式多在城市郊区、设施栽培技术水平较高的蔬菜生产基地或名特优茄子产区应用。

（五）秋冬日光温室高产栽培

茄子秋冬日光温室高产栽培多选用早熟茄子品种，夏季育苗，秋季栽植，晚秋及初冬至春节供应上市。华北地区一般 7 月份播种育苗，9 月份定植于温室内，合理密植，加强肥水，调控好温湿度，配套采用新法整枝技术等，10～11 月开始收获上市，主要供应 11 月份至春节的市场淡季，价格较高，效益较好。

茄子秋冬日光温室虽然效益较高，但其建造成本较高，且技术性强，管理要求严格，在我国普及应用尚有一定难度。目前，这种栽培模式主要应用于消费水平较高的大中城市郊区以及经济

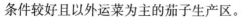

条件较好且以外运菜为主的茄子生产区。

这种栽培模式需要跨越的关口主要有两个，一是茄子育苗关，夏季育苗正值高温多雨季节，昼夜温差小，茄苗不仅易发生徒长，而且容易受到病虫危害；二是结果期管理关，结果期主要在晚秋至冬季，雨雪天气或阴霾天气较多，若温室内低温多湿、光照不足出现的次数多、持续时间长，会严重影响茄子的生长发育，植株生长不良，病害重，坐果率低，畸形果多，果实颜色浅，商品性差。因此，这种栽培模式受气候条件的影响较大，年份间差异也非常明显。

（六）冬春日光温室高产栽培

茄子冬春温室栽培通常选用冬暖式日光温室或加温型温室，以早中熟茄子品种为主。华北地区一般9月份播种育苗，11月份定植于温室内，采用新法整枝技术，加强肥水及温湿度管理，元旦前后开始收获上市，主要满足春节至"五一"的市场需求。

这种栽培模式茄子的结果期主要集中在春季，减少了恶劣天气条件的影响，管理难度有所降低，而栽培时期较长，产量也较高。这一时期又是秋冬茬茄子供应后期、早春塑料大棚茄子上市前的供应淡季，中间有元旦、春季、元宵节等重大节日，价格较高，效益较好。

（七）日光温室连年栽培

茄子温室连年栽培宜选用冬暖式日光温室或加温型温室，以再生能力强、适应性广、长势旺盛、结果能力强、商品性高且抗病的中晚熟茄子品种为主。华北地区一般8月初播种育苗，9月下旬定植于温室内，适当稀植，采用新法整枝技术，合理肥水管理及温湿度调控，10～11月份开始采收上市，至来年5月份结束，结果期长，产量高，价格好，效益可观。

这种栽培模式应于第二、三年秋后运用茄子再生技术，将老的结果枝干剪掉，培养新的结果枝干，一次育苗可实现连续栽培2～3年的目标。但这种栽培对肥水要求严格，根系老化、植株早衰等问题突出，栽培难度较大。目前，我国尚处于起步阶段，其配套技术还需要进一步加以研究、组装和试验示范，要形成完善成熟的技术体系还需一段时日。

二、栽培模式选择

茄子的栽培模式较多，选择时应考虑到自身的生产条件、当地的蔬菜消费水平及目标市场需求等多个方面。

茄子的栽培模式不同，对生产条件的需求不同，生产费用也不相同。辅助设施越复杂、档次越高，所需的费用也越高。各种栽培模式中，露地栽培的费用最低，小拱棚次之，大棚较高，温室最高。应根据自身的生产条件、经济状况来确定适合自己的栽培模式。

当地消费水平不仅直接影响到茄子的销售价格，还决定了销售是否顺畅。一般而言，当地秋冬季节里茄子消费量较大时，可选择塑料大棚秋延迟栽培模式、日光温室秋冬栽培模式或日光温室冬春栽培模式；如果春季的茄子消费量大时，可选择塑料大棚春季早熟栽培或日光温室春季早熟栽培；若当地茄子消费水平较低时，可选择春季地膜覆盖栽培模式或传统露地栽培模式。因此，在选择栽培模式之前，要先对当地茄子的销售情况进行全面、认真、详细的考查，或向当地农技部门的专家、有经验的蔬菜批发商及中介组织咨询，尽可能规避风险，避免盲目跟风，防止发生茄子积压卖难或茄贱伤农现象。

以外销为主栽培茄子时，要对目标市场的茄子消费习惯、消费水平、消费量等进行详细考查、论证。一般来说，大型的规模化茄子生产基地所在的政府机构或中介组织都会不断地对目标市场进行调研，也会注重新市场的开发，为农民提供市场信息，帮

助农民选择栽培模式，并确定生产规模的大小。

第三节　季节茬口安排

一、露地茬口安排

（一）露地茄子的土地茬口安排

我国地域辽阔，不同区域的安排茬次也不相同。在露地茬口安排中，有一年两次作、一年三次作、一年四次作、一年多次作等。一年两次作（华北、东北、华中、华东）的土地茬口多为早茄子—大白菜；一年三次作的土地茬口多为早茄子—早萝卜—晚白菜或菠菜；一年四次作的土地茬口多为菠菜—早茄子—小白菜—秋甘蓝；一年多次作的土地茬口多为2月白菜—小白菜—早茄子、瓠瓜—早秋白菜—白菜。

（二）露地茄子的季节茬口安排

茄子喜温怕冷，露地栽培必须在无霜期，分为春、夏两茬。春茬又有早熟、中晚熟栽培之分；夏茬也叫恋秋茬，可一直延续到9、10月，直至下霜为止。

露地春茬茄子一般是在当地晚霜过后，日平均气温在15℃左右时进行定植（北方多在4月下旬至5月上旬、南方多在3月底至4月初），不加其他设施，不对温度、湿度、光照、气体等进行人工调控，完全依靠自然条件下的温、光、气等进行生产。

露地春茬早熟栽培（春茄子）的，多利用保护地设施于1月份开始进行早育苗，晚霜过后在春白地上定植，实施田间管理，争取较高的早期产量。因此，宜选用早熟品种，如北京五叶茄、北京六叶茄、新乡糙青茄、天津快圆茄、辽茄1号、辽茄4号等。

中、晚熟栽培是在春播快菜收获后栽植的一茬，又叫晚春或早夏茄子。多在 2 月中旬前后，利用简单的保护地设施开始育苗；定植时间比早熟栽培的稍晚一些，主要争取较高的总产量。多用中、晚熟品种，如北京七叶茄、北京九叶茄、天津大民茄、新乡糙青茄、徐州长茄、辽茄 2 号、吉茄 1 号等。

露地夏茬茄子是在露地育苗，小麦、油菜或春提早蔬菜（甘蓝、地芸豆、大蒜、莴苣等）收获后定植，在黄淮海一带又叫麦茬茄子。这茬茄子从育苗、定植、生长、开花坐果至收获均处于气候条件适宜期，不需要特殊设施，技术易掌握，管理难度小，果实集中上市期在 8～9 月。但在高温多雨的夏季，需要注意中耕除草、防涝、病虫害防治等管理，使其顺利越夏。当门茄采收后就进入秋季，气候条件比较适宜茄子的后续生长，因此，这茬茄子的中后期产量较高。在选用品种时，以中晚熟为好。

（三）露地地膜覆盖茄子的季节茬口安排

露地地膜覆盖茄子的栽培季节介于小拱棚覆盖栽培和露地早茄子栽培之间。育苗时间在 1 月底至 2 月初，多利用温室、温床或冷床育苗，当地晚霜结束后进行定植。定植后，覆盖地膜，提温保墒。根据定植畦面不同，可采用平畦覆盖、高垄覆盖、高畦覆盖、沟畦覆盖等地膜覆盖方式。

二、塑料棚茄子茬口安排

（一）小拱棚春季早熟茄子的季节茬口安排

小拱棚春季早熟栽培茄子定植时间较温室、大棚栽培晚，比露地地膜覆盖栽培早。可选择与露地栽培相同的茄子品种，育苗播种时间比露地早春茄子提早 15 天左右。在北纬 40°以南，可采用温床育苗；北纬 40°以北地区，可先采用温室育苗，后期移植到普通苗床管理。一般在终霜前 15～20 天定植。

（二）塑料薄膜大、中棚茄子的季节茬口安排

塑料薄膜大、中棚茄子栽培又可分为早春茬、春茬、秋茬三个季节。

1. 塑料薄膜大、中棚早春茬栽培 东北北部及内蒙古北部，1月上中旬育苗，3月上中旬扣棚，4月上中旬定植，5月上中旬上市，7月末结束；东北南部、华北及西北地区，育苗时间较东北北部及内蒙古北部地区提前5～10天，扣棚及定植时间可提前15天以上；华北、华中地区，育苗、扣棚、定植时间可比东北南部、华北及西北地区提前15～20天；江浙一带，9月下旬至10月初育苗，翌年2月初定植，3月上市，7月拉秧。

2. 塑料薄膜大、中棚春茬栽培 这茬茄子主要供应5～6月份，所以在品种选择上，宜选用生长快、结果早、适宜密植、较耐低温、耐弱光的早中熟和产量高的品种，并根据当地茄子的消费习惯，选择果形、颜色适宜的品种。

温度条件较好的地区一般在3月中旬至4月上旬定植，寒冷地区一般在4月中、下旬定植。如江浙、北京及华北地区，可于冬季12月份育苗，翌年3月定植，4月中下旬开始上市。

3. 塑料薄膜大、中棚秋茬栽培 这茬茄子宜选用既耐低温又耐高温、抗病性强、耐贮藏的中晚熟品种。东北中南部，7月上旬育苗，8月上旬定植，9月下旬至11月上旬上市；西北地区，一般在6月中旬播种育苗，7月中旬定植，9月上旬至11月下旬拉秧；华北地区，7月上中旬育苗，8月中下旬定植，10月下旬至翌年1月上旬收获；华东、华中及中部地区，7月上旬育苗，8月上中旬定植，9月下旬至翌年2月下旬拉秧；长江中下游地区，5～6月底育苗，6～7月底定植，8月下旬至9月初开始收获，采收期可延长至11～12月；南方秋延后的时间长，播种期可随地理纬度降低而推后。

三、日光温室茄子的季节茬口安排

日光温室茄子可分为越冬茬、冬春茬、早春茬及秋冬茬。

（一）日光温室越冬茬茄子栽培

华北地区，7月下旬至8月中旬育苗，9月下旬定植；西北地区，10月中旬育苗，1月中旬定植，3月初开始收获。

（二）日光温室冬春茬茄子栽培

华北地区，9月中旬育苗，11月上中旬定植，春节前后上市；北京地区，10月中、下旬温室育苗，1月下旬至2月初定植。若用嫁接育苗，一般9月下旬播种，先播砧木，20～25天后播接穗，12月上旬定植。品种宜选择抗病、耐低温、耐弱光、植株开张度较小、果实发育快、坐果率高的早熟或中早熟品种。圆茄类如北京六叶茄、北京七叶茄、天津快圆茄、丰研2号；长茄类如龙茄1号、吉茄4号、天正茄1号、沈茄1号等。

（三）日光温室早春茬茄子栽培

品种选择的原则与冬春茬茄子相同，北方地区提倡嫁接育苗。因这茬茄子的育苗时间是一年中温度最低、光照最弱的季节，通常采用架床或电热温床育苗。华北地区，10月上旬至11月下旬育苗，12月下旬至翌年2月下旬定植。

（四）日光温室秋冬茬茄子栽培

这茬茄子栽培有两种方式，一是利用夏秋露地栽培的茄子，在早霜来临前扣上塑料棚进行延迟栽培，可供应至初冬；二是先育苗、定植，后扣棚栽培，一般于6月下旬育苗，8月定植，早霜前扣棚，果实收获期可延长至2月上旬。

第四节 保护地设施的设计与建造

一、小（中）拱棚

（一）小拱棚

1. 种类 常用的小拱棚主要有拱圆棚、半拱圆棚、风障棚三种。

（1）拱圆棚 拱圆棚是目前应用最多的小拱棚，一般拱棚的最大高度 1 米左右，棚宽 1.2 米左右，棚长 15～20 米。多采用竹木结构，建造容易，透光性好，管理方便。

（2）半拱圆棚 即棚的南面为圆弧形，背面为高 1 米左右的土墙或砖墙，棚宽 1 米左右，长度 15～20 米。半拱圆棚的保温性能比较好，早熟效果明显，但建造比较麻烦，管理也不方便，其方位只能坐北朝南，建棚及规模受场地影响较大。

（3）风障棚 即在棚的北面竖立一道高度 1 米左右的风障，风障紧靠小拱棚。小拱棚高 1 米左右，宽 1～1.2 米。竖立风障后，减轻了小拱棚的风害，早春的棚温比较高，早熟性好。风障棚多用于早春季节风多风大的地区。

2. 棚向 用于茄子春季早熟栽培的小拱棚的棚向主要有东西向和南北向两种。

（1）东西棚向 东西向的小拱棚上午东部采光较多，下午西部采光较多，一天之中东西部的采光总量相差不大，光照、温度分布较均匀，植株生长较整齐。但是，东西向的小拱棚一天中的总采光量小，特别是中午前后的采光量偏少，白天升温幅度有限，而夜间散热快，降温也快，温度偏低。

（2）南北棚向 南北向的小拱棚棚体采光面积大，采光量多，白天升温快，夜间温度高，利于茄子早熟。但是，南北向的小拱棚南北两端的温度差异较大，易造成植株生长不整齐。

3. 田间布局 茄子小拱棚春季早熟栽培规模较大时，要本着既节约土地，又方便管理的原则，成方连片，集中建棚，设置小区，合理布局。

一般来说，东西棚向的以南北平行排列、南北棚向的以东西平行排列的 5～6 个小拱棚为一个小区，棚与棚之间相距 1～2 米。小区与小区之间留有 2～3 米的作业道，小区在田间呈棋盘式排列。

(二)中棚

中棚的面积比小棚大，棚宽一般 5～6 米，高 1.45～1.7 米，长 10 米以上，面积 50～300 平方米。覆盖三层薄膜，留两条放风口。用于育苗时，棚内一般再加小拱棚覆盖；也可用于分苗或分株栽培。

二、塑料大棚

(一)种类与设计要求

1. 种类 塑料大棚是用骨架支撑起来，没有墙基、墙体，一般不覆盖草帘的塑料薄膜保护地设施。因其结构简单，建造方便，土地利用率高，经济效益好而广泛应用于春提早、秋延迟或越夏栽培。根据建造材料，塑料大棚可分为竹木结构、水泥结构、组装式钢管结构和简易秫秸秆大棚等。根据造型可分为拱圆型、屋脊型、单栋型和连栋型大棚等多种。

2. 棚形结构与设计要求 塑料大棚要求安全、经济、有效、可靠。其结构要合理，骨架薄膜要牢固可靠。棚内温度、光照条件优良，通风降湿方便。为做到这些，首先要求较高棚体，一般大型棚高度为 3 米，小型简易棚高为 2 米。其次，大棚高度与宽度比例要合理。雨水少的地区，大棚可宽些，顶部可平些，高、宽比例为 1：4～5。在雨水较大的南方，要加大坡度，以利排水。另外，大棚断面要呈弧形，不宜有棱角，否则薄膜易损坏，易积水。

塑料大棚单栋面积一般为 300～666.7 米^2；跨度 8～12 米，不超过 15 米；长度 40～60 米，不超过 100 米；长：宽≥5；大棚的脊高 2.0～2.4 米，肩高 1.5 米左右，脊高超过这个高度时承受风的荷载增大，低于这个高度时，棚面弧度小，易受风害和积存雨雪，有压塌棚架的危险；保温比（即栽培床面积与覆盖的棚膜面积之比）以 0.6～0.7 为宜；应在大棚顶部沿大棚方向开中缝，东西两侧沿大棚方向各开几条侧缝进行通风，或开天窗、地窗进行通风；天窗设在棚顶，规格为 1.0 米×1.5 米，窗间隔约 7 米；地窗规格 1.2 米×1.2 米，间隔 10 米左右；门设在棚的两头，规格 1 米×2 米。

建造塑料大棚的场地应地势平坦，背风，向阳，场地东、西、南无高大建筑物或树木遮阴。在山区，建棚处应避开风口，坡地处建棚应在南坡。建棚处土壤要肥沃，排水良好，地下水位低，交通便利。

（二）大棚建造

1. 竹木结构塑料大棚　竹木结构的大棚是由立柱、拱杆、拉杆和压杆组成大棚的骨架、架上覆盖塑料薄膜而成，使用材料简单，可因陋就简，容易建造，造价低。缺点是竹木易朽，使用年限较短，又因棚内立柱多，遮阳面大，操作不太方便。其建造施工步骤如下：

（1）**定位放样**　按照大棚宽度和长度确定大棚 4 个角，使 4 个角均成直角，后打下定位桩，在定位桩之间拉好定位线，把地基铲平夯实，最好用水平仪矫正，使地基在同一个平面上，以保持拱架的整齐度。

（2）**埋立柱**　立柱分中柱、侧柱、边柱三种。选直径 4～6 厘米的圆木或方木为柱材。立柱基部可用砖、石或混凝土墩，也可将木柱直接插入土中30～40厘米，立柱入土部分涂沥青以防止腐烂。上端锯成缺刻，缺刻下钻孔，以备固定棚架用。南北延长的大棚，东西跨度一般是10～14米，两排相距1.5～2.0米，边柱距棚边1米左右，同一排柱间距离为1.0～1.2米，棚长根据大棚面积和地形灵活确定。然后埋立柱。埋立柱时，先按规格量好尺寸，定下埋柱位置，然后挖40厘米左右的坑。埋柱时先埋中柱，后立腰柱和边柱，相邻腰柱和边柱要依次降低20厘米，以保持棚面呈拱圆形。边柱距棚边1米，并向外倾斜70°角，以增强大棚的支撑力。根据立柱的承受能力埋南北向立柱4～5道，东西向为一排，每排间隔3～5米。

（3）固定拱杆　埋好立柱后，沿棚两侧边线，对准立柱的顶端，把拱杆的粗端埋入土中30厘米左右，然后从大棚边向内逐个放在立柱顶端的豁口内，用铁丝固定。一般2～3根竹竿可对接完成一个完整的圆拱。铁丝一定要缠好接口向下拧紧，以免扎破薄膜。

（4）固定拉杆　拉杆是纵向连接立柱的横梁，对大棚骨架整体起加固作用。拉杆可用竹竿或木杆，一般直径为5～6厘米，顺着大棚的纵长方向，绑的位置距顶25～30厘米处，用铁丝绑牢，使之与拱杆连成一体。

（5）盖膜　首先把塑料薄膜，按棚面的大小粘成整体。如果准备开膛放风，则以棚脊为界，粘成两块长块，并在靠棚脊部的薄膜边粘进一条粗绳。不准备开膛放风的，可将薄膜粘成一整块。最好选晴朗无风的天气盖膜，先从棚的一边压膜，再把薄膜拉过棚的另一侧，多人一齐拉，边拉边将薄膜弄平整，拉直绷紧。为防止皱褶和拉破薄膜，盖膜前拱杆上用草绳等缠好。薄膜两边余幅埋在棚两边宽20厘米、深20厘米左右的沟中。

（6）压膜线　扣上塑料薄膜后，在两根拱杆之间放一根压膜线，压在薄膜上，使塑料薄膜绷平压紧，不能松动。压膜线（或压杆）要压在两行拱架中间的薄膜上面，以利排水

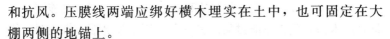

和抗风。压膜线两端应绑好横木埋实在土中，也可固定在大棚两侧的地锚上。

（7）装门　用方木或木杆做门杠，门杠上钉上薄膜。

2. 水泥大棚　一般水泥大棚的宽度为 6 米，高度为 2.5 米，拱间距为 1 米，横长 30～50 厘米。拱架为钢筋预制件，两根底筋直径为 8 毫米，顶筋直径为 6 毫米，箍筋为 4 毫米冷拔丝。混凝土可选 500 号水泥，每立方米混凝土用水泥 360 千克，水 172 千克，粗砂 545 千克，石子 1 400 千克。预制时，拌料要填实填匀，边浇边搅拌。要加强养护，去膜 6 小时后放入水池，养护 7 天，取出后露天堆放 1 月，方可安装。

水泥大棚的建造步骤：在选用的土地上，做畦宽 7.5 米。在畦内安排 6 米宽的大棚，两侧开沟。按照大棚的走向和宽度拉线放样，东西两侧，每隔 1.1 米挖一角洞，深 40 厘米，口径 15 厘米×15 厘米，洞底垫废砖块。拱架两两配对，清理螺丝孔内残留的水泥，观测螺丝孔的位置是否一致。在大棚两头及中间，先架三片拱架作为标准，然后在棚顶拉线，保证高度一致，棚两侧拉线，保证左右对齐，将每副棚架的两根拱架竖立起来结合，螺丝孔对齐，高度及左右与标准架一致，位置要不断调整。拉杆用直径 25 毫米的钢管，连接件用 14 号铅丝。边竖立拱架边安装拉杆。棚头与地面垂直，连接拱架要绑牢，埋入土中部分要压实。

3. 组装式钢管大棚　我国常用的有 GP 系列、PGP 系列、P 系列三种。其组装步骤如下：

（1）定位　确定大棚的位置后，平整地基，确定大棚的四个角，用石灰画线，而后用石灰确定拱杆的入地点，同一拱杆两侧的入地点要对称。

（2）安装拱杆　在拱杆下部，同一位置用石灰浆作标记，标出拱杆入土深度，后用与拱杆相同粗度的钢钎，在定位时所标出的拱杆插入位置处，向地下打入，深度与拱杆入土位置相同，而后将拱杆两端分别插入安装孔，调整拱杆周围并夯实。

（3）安装拉杆　安装拉杆有两种方式，一是用卡具连接，安装时用木锤，用力不能过猛。另一种是用铁丝绑捆，绑捆时，铁丝的尖端要朝向棚内，并使它弯曲，不使它刺破棚膜和在棚内操作的人。

（4）安装棚头　安装时要保持垂直，否则不能保持相同的间距，降低牢固性。

（5）安装棚门　将事先做好的棚门，安装在棚头的门框内，门与门框应重叠。

（6）扣膜　将膜按计划裁好，用压膜槽卡在拱架上。压膜线可用事先埋地锚的方法固定，也可在覆膜后，用木撅固定在棚两侧。

4. 简易秫秸秆大棚　这种大棚是用秋季高粱穗收获后留在大田里的高粱秸秆（去掉穗和叶）做拱杆建造而成。

（1）建棚准备　选择适宜的地块，南北向垄，以垄距50厘米，株距20厘米种植高粱，秋季收获时，在东西宽6～7米、南北长不限的地块上，每隔一垄连根收获一垄，留下一垄，只收获高粱穗，同时去除叶片。每垄可酌情除去一些秸秆，秸秆较细时可留得较密些，粗时可稀些。株间距一般为30～40厘米。在中部做出宽1米的南北向过道，同时可作水沟用。

（2）埋设地锚　在棚址的东西两侧挖沟，深40厘米，取与大棚等长的两根8号铅丝，每隔2米绑一块砖，分别放入东西两侧挖好的沟中，按将来拱杆的间距，每隔50～70厘米，用8号铅丝做一个一端带环的铁锚，一端固定于8号铅丝上，带环的一端与地面平齐。

（3）作拱　过道两边的秸秆，以垄为单位，向中间过道弯折，弯折时每隔30厘米用细绳将秸秆绑在一起，绑时在各拱的同一侧位置留出一根较长的秸秆，以备下一步作拉杆用，弯曲时要逐渐过渡，使整个拱呈弧形，过道两边的秸秆在过道处交接，绑在一起。做拱时，每根秸秆要与地面保持垂直，棚的高度掌握在 2 米左右，不宜太高。

（4）绑拉杆　各拱留出的秸秆，向同一方向折，搭在旁边的拱上，绑结实，埋入地下。

（5）扣膜　将薄膜按计划裁粘好，卷成卷，从大棚的一端向另一端铺开，先铺的一端先埋入地下，边铺边拉紧边压压膜线直到另一端拉到头，埋入地下。

（6）绑紧压膜线　压膜线一端绑于一侧地锚的铁环上，一端压住薄膜后穿过棚另一侧地锚的铁环，拉紧，绑好，一天后，再紧一遍压膜线。

5. 钢丝管结构塑料大棚　这是我国农民在生产实践中创造的一种春秋两季种植的简易塑料大棚，它由一系列钢管、钢丝及配件组装而成，建造灵活，便于移动，建棚成本低，使用寿命长，省工省力，效益明显。其建造步骤大体为：

（1）制作构件

①支柱的制作　支柱用粗细不同两根钢管相套（6 分管和 4 分管）做成可升降式支柱。6 分钢管作底杆，长 1.5 米，距一端 40 厘米处用 10 厘米长角铁焊成"十"字型，插入地面时用以固定和防止下陷；4 分钢管作顶杆，按照中脊柱、腰柱、边柱高度不同，分别用 1.5 米、1.2 米、0.6 米三种，顶杆插入底杆部分用紧固件固定。紧固件在 6 分钢管上钻孔焊一螺帽，拧上螺丝做成，中脊柱、腰柱顶端锯一"凹"型小槽，用以固定撑线钢丝。边柱上端套边角顶，边角顶用一根 20 厘米长方管，中间焊 10 厘米长 6 分管，将方管朝向 6 分管一侧，弯成弧型，两端锯一"凹"型小槽固定撑线钢丝。

②地锚制作　地锚用 8♯铅丝一端系一块长砖埋入地下，另一端弯成环形露出地面。地锚拧成后，砖底至环顶 85 厘米。

③撑压线制作　按照大棚拱长，分别用 12♯、10♯钢丝两端各系铁钩做成撑、压线，一般 12 米跨度大棚撑、压线长约 14.5～15.5 米。

④大棚两端边架制作　用4分钢管按照棚高、棚跨要求弯成拱型，棚内一侧用支柱支撑，外侧用铅丝拉紧固定，其中一端边架留门，以便出入和通风。

（2）大棚建造

①规划方位　根据地块面积大小、走向，规划大棚方位及棚长、棚宽。一般每个棚长度 50～60 米，跨度 12 米，约占地666.7 平方米。

②埋地锚　在规划好的地块上，沿东西两侧边沿打两排压线地锚坑，坑深80厘米，坑口直径40厘米，两排地锚坑东西距离13.5米，对称排列，每排25个，坑与坑南北间距2米，其中靠近地块南北边沿的第一行和最后一行地锚坑深100厘米。地锚坑打好后埋压线地锚，埋地锚时将环形一端露出地面5～10厘米，以便卸棚后土壤耕作时作为可视标志，另一端系长砖埋入坑内，踩实压紧。压线地锚埋好后，在两排压线地锚内侧挖两排撑线地锚坑，两排撑线地锚坑东西距离12米，平行排列，每排24个，坑与坑之间南北间距2米，正好位于两条压线之间，坑深、坑口直径同压线地锚坑，挖好后埋入撑线地锚，方法与压线地锚相同。

③插支柱　在东西横向两撑线地锚坑之间，从中向两侧顺次对称插入中脊柱、腰柱、边柱，腰柱与中脊柱距离2.5米，边柱与腰柱2.1米，边柱与撑线地锚1.4米，边柱与地面夹角约60°，插好后中脊柱、腰柱、边柱、撑线地锚呈一直线。

④固定撑线　在撑线地锚、边柱、腰柱、中脊柱上拉撑线，两端固定好，保持撑线崩紧状态。

⑤安装边架　在规划好地块的南端和北端分别安装两个边架，边架要与撑线对齐，内侧选用长短合适的支柱支撑，外侧用铁丝拉紧。

⑥扣棚膜　上述工作做好后扣棚膜，扣棚膜要选择在早晨无风天气进行。棚膜拉好后，要将南北两端边架外侧棚膜埋入土

中，并保持棚面东西不留皱褶，南北呈崩紧状态。

⑦固定压线 扣好棚膜后，每两根撑线之间在棚膜上用压线拉紧，将棚膜压紧，做成内撑外压型。

6. 连栋大棚 该类大棚有 2 个或 2 个以上拱圆形或屋脊形的棚面。其主要优点是：大棚的跨度范围比较大，根据地块大小，从十几米到上百米不等，占地面积大，土地利用率比较高；棚内空间比较宽大，蓄热量大，低温期的保温性能好；适合进行机械化、自动化以及工厂化生产管理，符合现代农业发展的要求。该类大棚的主要缺点是：对棚体建造材料的要求比较高，对棚体设计和施工要求也比较严格，建造成本高；棚顶的排水和排雪性能比较差，高温期自然通风降温效果不佳，容易发生高温危害。

三、日光温室

（一）日光温室的优点

温室又称为暖房，是一种以玻璃或塑料薄膜等材料作为屋面，用土、砖做成围墙，或者全部以透光材料做为屋面和围墙的房屋，具有充分采光、防寒保温能力。温室内可设置一些加热、降温、补光、遮光设备，使其具有较灵活的调节控制室内光照、空气和土壤温湿度、二氧化碳浓度等蔬菜作物生长所需环境条件的能力，成为当今蔬菜保护地设施之一。

日光温室是一种在室内不加热的温室，即使在最寒冷的季节，也只依靠太阳光来维持室内一定的温度水平，以满足蔬菜作物生长的需要。

由于塑料工业的发展，加之玻璃易破损，农村日光温室大多以塑膜为屋面材料。特别是我国北方在土温室基础上兴起的塑料日光温室，具有明显的高效、节能、低成本的特点，深受菜农及消费者的欢迎，是发展高产、优质、高效农业的有效措施之一，

将会得到更快的发展。

实践证明，凡室外最低温度不低于−25℃的，利用塑料日光温室的特殊结构性能，可使室内保持5℃以上的温度时，均可获得满意结果。

我国日光温室及栽培技术独具特色，在发展中国家处领先水平。但工艺路线与发达国家没有可比性，发达国家以钢结构、大型日光温室为主，我国以中小型为主；发达国家覆面材料以聚酯为基材的透光材料为主，我国以塑膜（聚乙烯膜和多功能膜、无滴PVC棚膜）为主要覆面材料。我国日光温室投资回收期短，竹木结构的当年可收回投资，钢结构的投资回收期一般为2～4年。我国日光温室的调控手段落后于发达国家。

日光温室还可以建成四位一体的生态型大棚模式。它是在沼气池、猪舍及厕所建造的基础上进行的，沼气池要先建，猪舍与温室同步进行。也可以将现有的日光温室改建成"生态模式"，即在日光温室的一端建造沼气池和猪舍。当然，生态型大棚模式中，沼气池、厕所、猪舍、日光温室的建造顺序需根据具体条件灵活掌握。

（二）日光温室的类型

日光温室通常坐北朝南，东西延长，东、西、北三面筑墙，设有不透明的后屋面，前屋面用塑料薄膜覆盖，作为采光屋面。日光温室从前屋面的构型来看，基本分为一斜一立式和半拱式。由于后坡长短、后墙高矮不同，又可分为长后坡矮后墙温室、高后墙短后坡温室、无后坡温室（俗称半拉瓢）。从建材上又可分为竹木结构温室、水泥结构温室、钢铁水泥砖石结构温室、钢竹混合结构温室。

按照地域分布及地方地点来分，日光温室又有瓦房店式日光温室、北京式日光温室、潍坊式日光温室等。

决定温室性能的关键在于采光和保温，至于采用什么建材主要由经济条件和生产效益决定，比较常用的温室有一斜一立式温室和半拱式温室。"生态模式"日光温室一般采用带有后墙及后坡的半拱式日光温室，这种温室既能充分利用太阳能，又具有较强的棚膜抗摔打能力。因此，温室结构设计及建造以半拱式为好。

1. 一斜一立式温室　由一斜一立式玻璃温室演变而来。20世纪 70 年代以来，塑膜代替玻璃覆盖一斜一立式日光温室最初在辽宁省瓦房店市发展起来，现在已辐射到山东、河北、河南等地区。如图所示，温室跨度 7 米左右，脊高 3～3.2 米，前立窗高 80～90 厘米，后墙高 2.1～2.3 米。后屋面水平投影 1.2～1.3 米。前屋面采光角达到 23°左右。

一斜一立式温室多数为竹木结构，前屋面每 3 米设一横梁，由立柱支撑。

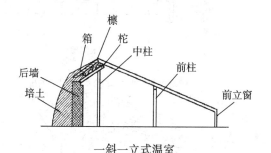

一斜一立式温室

这种温室空间较大，弱光带较小，在北纬 40°以南地区应用效果较好。但前屋面压膜线压不紧，只能用竹竿或木杆压膜，既增加造价又遮光。

20 世纪 80 年代中期以来，辽宁省瓦房市改进了温室屋面的结构，创造了琴弦式日光温室。前屋面每 3 米设一桁架，桁架用木杆或用 25 英寸[①]钢管、用直径为 14 毫米钢筋作下弦，用直径

---

① 英寸为非法定计量单位。1 英寸＝0.025 4 米。——编者注

10毫米钢筋作拉花。在桁架上按30~40厘米间距，东西拉8号铁线，铁线东西两端固定在山墙外基部，以提高前屋面强度，铁线上拱架间每隔75厘米固定一道细竹竿，上面覆盖薄膜，膜上再压细竹竿，与膜下细竹竿用细铁丝捆绑在一起。盖双层草苫。跨度7.0~7.1米，高2.8~3.1米，后墙高1.8~2.3米，用土或石头垒墙加培土制成，经济条件好的地区以砖砌墙。近年来温室垒墙又出现了用使用过的编织袋装土块速垒墙的作法。

近两年来一斜一立式或琴弦式温室又发展成前屋面向上拱起，以便更好地压膜和减轻棚膜的摔打现象。

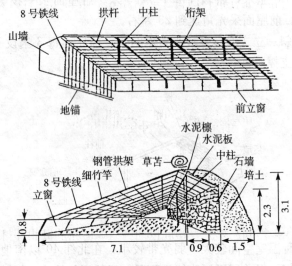

琴弦式日光温室（单位：米）

2. 半拱式温室 半拱式温室是从一面坡温室和北京改良温室演变而来。20世纪70年代木材和玻璃短缺，前屋面改松木棱为竹竿、竹片作拱杆，以塑料薄膜代替玻璃，屋面构型改一面坡和两折式为半拱型。温室跨度多为6~6.5米，脊高2.5~2.8米，后屋面水平投影1.3~1.4米。这种温室在北纬40℃以上地区最普遍。

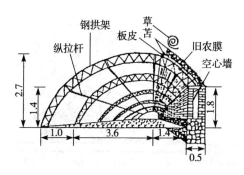

半拱式温室（单位：毫米）

日光温室无柱钢竹结构、矮后墙长后坡竹木结构日光温室、高后墙矮后坡竹木结构日光温室分别如图所示。

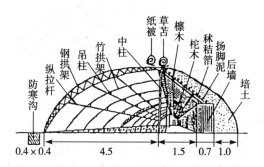

无柱钢竹结构日光温室（单位：毫米）

从太阳能利用效果、塑膜棚面在有风时减弱棚膜摔打现象和抗风雪载荷的强度出发，半拱式温室优于一斜一立式温室。故优化的日光温室设计是以半拱式为前提的。

3. 瓦房店式日光温室 瓦房店式冬暖型日光温室的主要特点是：后屋面比较宽，温室自身的保温性能比较好；前屋面的坡度角较大，有利于冬季采光增温。其一般结构为：温室内宽 7 米左右，墙体厚 1 米以上，后墙高 1.8 米左右，两侧墙最大高度 3 米左右；后屋面内宽 1.5 米左右，厚度 40 厘米以上，与地面倾角 39°左右；前屋面采用"琴弦式结构"，粗竹竿东西间距 3.6

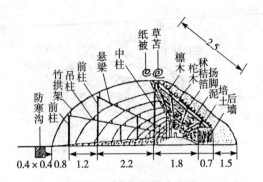

矮后墙长后坡竹木结构日光温室（单位：毫米）

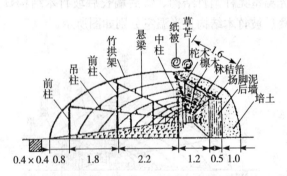

高后墙矮后坡竹木结构日光温室（单位：毫米）

米，东西向钢丝上下间距40厘米左右，钢丝上的细竹竿东西间距60厘米。温室内有四排立柱，后排立柱东西间距1.8米，前三排立柱东西间距3.6米。

其缺点是：前屋面采用"琴弦式结构"，钢丝数量较多，容易磨破棚膜，且竹竿更换也比较麻烦。

4. 北京式冬暖型日光温室　北京式冬暖型日光温室的主要特点是：前屋面与地面的交角较大，冬季采光的效果较好，有利于增温。后屋面较宽，温室自身的保温性能比较好。温室内的立柱数量较少，有利于温室内地面光照均匀分布。前屋面的钢丝用量少，对棚膜的磨损较少，对保护棚膜有利。

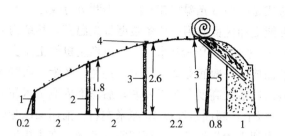

瓦房店式冬暖型日光温室参考结构（单位：米）

1. 前柱　2. 前中柱　3. 后中柱　4. 纵向钢丝　5. 后柱

其结构为：温室内宽 6～7 米左右；土墙或草泥墙，墙体厚 1 米以上，后墙高 2.1～2.3 米，两侧墙最大高度 3 米左右；后屋面内宽 1.7 米左右，厚度 40 厘米以上；温室内有三排立柱，立柱东西间距 3.0 米，在每排立柱顶端的 U 型槽内，东西向拉一道双股钢丝或双股 8 号铁丝，在钢丝上南北向固定竹竿，竹竿间距 40～50 厘米。

其主要缺点是：土地利用率不高。

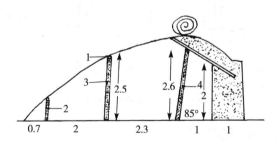

北京式冬暖型日光温室参考结构图（单位：米）

1. 拉杆或钢丝　2. 前立柱　3. 中立柱　4. 后立柱

5. 潍坊式冬暖型日光温室　潍坊式冬暖型日光温室于 1989 年创建，其主要特点是：温室内比较宽大，栽培空间大，温室自身的保温性能比较好；墙体较厚，散热少，保温效果好；温室的采光面积大，冬季采光好；温室内的立柱密度小，光照分布均匀，也利于机械化作业；土地利用率高。

潍坊式冬暖型日光温室在实践中不断进行改进，现已形成了结构、性能更加优良的第三代冬暖型日光温室。其结构为：温室内宽 10～11 米，长 60～80 米。墙体由推土机推土压实后，再经人工修整而成，一般底宽 2 米以上，顶宽 1.2 米，后墙高度 3 米左右，两山墙最大高度 3.7 米左右；后屋面内宽 1 米左右，与地面夹角 40°以上，屋面总厚度 40 厘米左右；前屋面以琴弦式结构为主，主拱架多为粗竹竿，东西间距 3.6 米，在主拱架上东西方向纵拉钢丝，钢丝间距 30 厘米，在钢丝上按 60 厘米间距固定细竹竿作副拱架；温室内南北方向有四排立柱，立柱东西间距 1.8～3.6 米，南北间距 3.3 米左右。

其主要缺点是：前屋面采用琴弦式结构，钢丝数量较多，易磨破棚膜，前屋面的维修及材料更换也不方便。

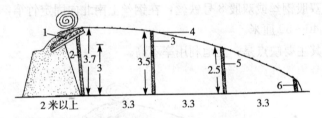

潍坊式第三代冬暖型日光温室参考结构图（单位：米）

1. 秸秆层　2. 后立柱　3. 后中柱
4. 纵向钢丝　5. 前中柱　6. 前立柱

（三）日光温室建造

在日光温室建造中，由于各种原因，经常出现如棚室主位角偏差、间距不够、墙体倒塌等问题，给农户造成经济损失。为确保日光温室建造成功，并获取理想的经济效益，在建造过程中应注意：①场地适宜。温室场地应阳光充足，避免遮阴，避开风口；土质疏松肥活，地下水位低；避开污染地带；交通比较便利；水、电条件可以满足。②结构合理。日光温室东西延长，前屋面斜向正南，可最大限度地获得太阳辐射能。在气候温和地区，可早揭草苫，方位角采取南偏西5～10度；纬度较高的地区，早晨揭苫偏晚，可采取南偏西5～10度的方位角。温室间距以南北间距为主，温室高度不少于7米，东西间距不少于3米，有工作间一侧可加宽至不少于5米。南北跨度6.5～7米，最高点高2.8～3米，前屋面中段采光角23.5度，后坡仰角45度，温室东西长度以50～60米为宜，后坡堆土厚度1米以上。③质材合格。墙体建造要结实牢固。拱梁建造最好采用水泥拱梁，钢筋、水泥质量一定要达标。建造竹木结构温室的，所选用竹杆、竹片质量一定要好，立柱最好为水泥柱，东西横向拉杆用单股钢线绳。后坡垫土如果砂性比较大，雨季必须在后坡覆盖废旧棚膜，防止由于雨淋将后山墙挤塌。后屋顶最好采用水泥预制板或砖砌拱的形式。部分农户采用竹木结构，铺盖玉米秸的方式，温室内湿度大极易腐烂透风，雨季容易坍塌，需一年一修护。④配套保温。一定要设置温室作业间，在温室东侧或西侧要设置作业间，避免外界冷风直接吹入温室。门上安装门帘，注意随手关门。有的农户不设工作缓冲间，直接在东西山墙开门，导致门旁植株长势弱，影响产量、效益。⑤建造适时。温室建造要求在大地封冻前10～15天完成。

第五节　茄子育苗

茄子栽培可以用种子直播法，也可用育苗移栽法。种子直播法省工，但用种量大，用种量200克/666.7米^{2}以上，茄子出苗后受气候因素影响大，苗期占用面积大；在整个生长期内，营养生长期较长，而开花、结果的生产期短，茄果收获、上市晚，产量也低，且管理困难。因而，生产上多采用育苗移栽法。育苗移栽法一是可节省用种量，每666.7米^{2}用种量仅15～50克，大大降低了种子成本；二是土地利用率高，育苗的苗床占地面积小，占地时间缩短，收获后或定植前还可以再种植其他蔬菜，增加栽培茬次；三是可以在不适于茄子生长的季节，通过应用保护地等设施，采取人工控制措施，将漫长的育苗期安排在非生产季节里，提前培育优质壮苗，当大田或保护地内的温度（气温、地温）、湿度等条件适宜时进行茄苗的提早定植，提前收获，提早上市，获取较高的经济效益；四是加长了茄子开花、结果的时期，提高了茄子的产量。五是降低生产成本，培育 1 米² 的茄苗可以移栽约 10 米² 的栽培田，用工量仅为露地直播的 20%～30%，灌水、喷药等农事操作费用也低。

一、壮苗的标准

茄子的花芽在苗期已经形成，因而茄苗的好坏对茄子生产的影响极大。健壮的茄苗定植后，成活率高，生长快，生活力强，对病虫害的抗性及对环境的适应性强，花数多，开花早，坐果率高，结果多，果实生长快，果实大，收获早，产量高。我国农民有"壮苗一半收"的说法，充分说明培育壮苗的重要性。茄子壮苗对长势、长相及整齐度均有一定的要求。

（一）长势

茄子播种后出苗快，一般 3 天出苗，7 天齐苗。茄苗根系活力强，吸收功能旺盛，生长速度适中，发棵快，花芽分化早而好，对环境适应性及抗逆性强，无病虫危害，成活率高。一般情况下，低温期阳畦育苗从播种到长到适合定植的大小所用的时间不宜超过 110 天，温室内加多层覆盖育苗期约 80 天，温室内加电热温床育苗 60～70 天，高温期育苗时间不超过 60 天。

（二）长相

茄苗的叶片完整，大小适中，子叶肥厚，真叶肥大，伸展良

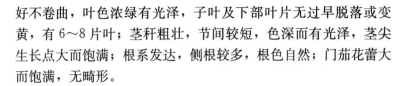

好不卷曲，叶色浓绿有光泽，子叶及下部叶片无过早脱落或变黄，有6～8片叶；茎秆粗壮，节间较短，色深而有光泽，茎尖生长点大而饱满；根系发达，侧根较多，根色自然；门茄花蕾大而饱满，无畸形。

（三）整齐度

茄苗生长整齐，长势、长相一致，无僵苗，不缺苗。苗高、叶片数、苗茎粗壮程度、花蕾出现节位等较整齐一致。

二、育苗设施

目前，茄子育苗主要有露地育苗、设施育苗两大类。其中，设施育苗又有温室、小拱棚、遮阴棚以及风障阳畦等形式。一般而言，应根据栽培季节不同而选用不同的育苗方式。

（一）温室育苗

采用塑料大棚、日光温室进行茄子早春栽培多用温室育苗。

温室的保温效果好，冬季温室内的温度较高，易于培育出适龄壮苗，是低温期主要的育苗方式，也是专业育苗的主要方式之一。但建造温室投资较大，育苗成本比较高，专业育苗单位多用此法。

（二）小拱棚育苗

早春茄子栽培多用小拱棚育苗。

小拱棚的空间较少，保温能力差，温度低，环境分布差异也较大，育苗较晚，育苗期也比较长。

冬季育苗时多与其他大型育苗设施结合进行。

（三）遮阴棚育苗

夏秋季茄子栽培多用遮阴棚育苗。

夏秋季高温强光照，遮阴棚育苗可以避免苗床落干、强光伤苗现象，减轻病毒病的发生与危害。

（四）小拱棚或风障阳畦

早春茄子露地栽培多用小拱棚育苗或风障阳畦。

风障阳畦结构简单，苗床空间较少，保温能力有限，育苗环境相对较差，苗床内的环境分布差异也比较大，育苗时间较长，一般需要 110 天左右，茄苗的质量也较差，目前此法已很少应用。

三、育苗方法

茄子育苗主要有穴盘（或营养钵）育苗、营养土育苗、营养土方育苗、无土育苗等方法。

（一）穴盘育苗

是欧美国家 20 世纪 70 年代兴起的一项育苗技术，目前已成为许多国家专业化商品苗生产的主要方式。穴盘育苗技术是采用草炭、蛭石等轻基质无土材料做育苗基质，机械化精量播种，一穴一粒，一次性成苗的现代化育苗技术。

（二）营养钵育苗

是采用特制的塑料钵，装上营养土后进行育苗。常用的营养钵有直径 6.5 厘米、8 厘米、9 厘米等规格。装土时应注意不要将土装得过实，以利于根的生长发育。为了便于浇水，装土时也不要装的过满，一般以距钵口 1.5 厘米为适。

（三）营养土育苗

茄子育苗时，播种密度大，在单位面积内从床土中吸收水分和矿物质总量比较大，且茄子根系密集，其呼吸作用对氧的要求比较严，所以播种床的营养土不仅要含有幼苗生长所需要的各种营养成分，还必须透气性好。一般取无病虫源肥沃的田园土 5份，腐熟农家肥 4 份，砻糠灰 1 份，加入适量磷肥（每立方米加入磷酸二铵 2 千克），充分混合、碾碎、过筛，做成床土进行育苗。

每 666.7 米^2 大田茄子需播种床面积 3 平方米。铺床方法是，先铺一层粘重土壤，耙平踩实，上面铺 3～5 厘米的营养土，然后浇透水，将催过芽的种子均匀撒播在床面上，再覆盖 1 厘米厚的营养土。床面支小拱棚，覆盖地膜，既保持水分又利于提高温度，促进出苗。

（四）营养土方育苗

采取营养土方育苗，先在育苗设施内整好育苗畦，在畦内铺好厚 10 厘米的营养土，踩实搂平，浇透水，待水渗透后按 10 厘米见方划分，准备播种。播种时将已催芽的种子点播于营养方的中间。

土方制作有两种方法，一种是和大泥方法，另一种是脚踩方。

1. 和大泥方法　此法是将营养土按比例掺匀，加水和泥，按 7～8 厘米厚平铺于整平的畦面上，抹平表面，切成 7～10 厘米见方的土块，再用削尖的圆木棍在土方中间打一个 2～3 厘米深的小孔，边打土方边分苗。若土方制成后未能及时分苗，需喷水湿润软化后再分苗。一般要打 7 厘米^3 的土方，每 10 000 个土方需准备营养土 3.4 方；打 8 厘米^3 的土方，每 10 000 个土方需准备营养土 5.1 方；打 9 厘米^3 的土方，每 10 000 个土方需准备营养土 6.5 方。

2. 脚踩方　也叫简易土方，这种方法是将育苗畦整平，踩实后撒一层沙土或稻壳，然后将配好的营养土铺入畦内，土厚约

10～12厘米，踩实压平，浇透水以后，按照7～9厘米见方的距离划块，切成土方后再用削尖的圆木棍在土方中间打一个2～3厘米深的小孔，边打土方边分苗。该方法简单易行，但是要注意一定要将土踩实，不能过于松散，防止定植时散坨伤根。

（五）无土育苗

茄子无土育苗就是以营养液代替土壤，在人工控制的综合环境条件下进行育苗的方法。此法不仅可以缩短苗龄，提高秧苗质量，杜绝病害，降低育苗成本，而且利于茄子早熟高产优质，提高经济效益。

四、育苗时间安排

茄子播的太早，茄苗过大甚至在苗畦中开花，定植后缓苗慢，门茄不易坐果；播种过晚，茄苗小、苗龄短，难以达到早熟栽培的目的。我国地域辽阔，气候条件差异大，茄子栽培习惯及育苗方式也各不相同，因而播种时间必须因地制宜、灵活掌握。一般而言，应根据栽培方式及育苗方法的不同而确定适宜的育苗时间。

（一）露地春茬栽培

露地春茬茄子一般在当地晚霜过后，日平均气温达到15℃左右时定植。

1. 东北北部、内蒙古北部地区 一般2月上旬开始温室育苗，5月上旬定植，6月中下旬上市，9月上旬收获结束。

2. 东北南部、华北及西北地区 多于1月中旬温室、温床育苗，4月中旬定植，5月下旬上市，8月下旬收获结束。

3. 华东、华中、中南地区 常于1月上旬电热温床育苗，4月上旬定植，5月中旬上市，一直采收到7～8月。

（二）小拱棚早春栽培

1. 东北北部、内蒙古北部地区　一般 1 月上旬育苗，4 月中下旬定植，5 月下旬上市。

2. 东北南部、华北及西北地区　育苗时间一般比东北北部、内蒙古北部地区提前半月。

3. 华东、华中、中南地区　育苗时间比东北北部、内蒙古北部地区提前 15～20 天。

（三）大棚栽培

分为大棚早春茬栽培和大棚秋延迟栽培。

1. 大棚早春茬栽培　东北北部、内蒙古北部地区：一般 1 月上中旬育苗，4 月上中旬定植，5 月上中旬上市。

东北南部、华北及西北地区：育苗时间比东北北部、内蒙古北部地区提前 10～15 天。

华东、华中、中南地区：育苗时间比东北北部、内蒙古北部地区提前 15～20 天。

2. 大棚秋延迟栽培

东北中南部地区：7 月上旬育苗，8 月上旬定植，9 月下旬至 11 月上旬采收上市。

华北及西北地区：6 月中旬育苗，7 月中旬定植，9 月上旬采收，至 11 月下旬结束。

华东、华中、中南地区：7 月上旬育苗，8 月上中旬定植，9 月下旬开始采收上市，至第二年 2 月下旬拉秧。

（四）日光温室栽培

分为日光温室冬春茬、早春茬、秋冬茬栽培。

1. 冬春茬栽培

东北及内蒙古北部地区：10 月上旬育苗，1 月上旬定植，2

月中旬上市，7月中下旬拉秧。

华北及西北地区：9月上中旬育苗，12月上中旬定植，翌年2月中下旬采收上市，至7月中旬结束。

华东、华中地区：8月中下旬育苗，11月中下旬定植，第二年1月上中旬开始采收上市，至7月上旬。

2. 早春茬栽培 育苗与定植时间比冬春茬晚1个月。

3. 秋冬茬栽培 于6月下旬育苗，8月下旬定植，11月初上市，至第二年2月上旬。

五、育苗床

茄子育苗床大致可分为露地床、冷床、温床和棚室苗床等。

（一）露地床

露地床不加温，也不加覆盖物，多用于晚春延后栽培育苗。

（二）冷床

冷床是一种利用太阳能来保持畦内较高温度的简易设施，北方叫"阳畦"，南方称"冷窖"。阳畦由风障畦发展而来，主要由风障、畦框、薄膜（或玻璃）、不透明覆盖物等组成。阳畦分普通阳畦和改良阳畦。

普通阳畦又分为抢阳畦和槽子畦两种类型。普通阳畦由较宽、较矮的畦框围护。北框高于南框，上下呈楔形，采光面形成抢阳畦；南北两框等高，四畦框形如槽子形状，是槽子畦。

改良阳畦又名小暖窖、立壕子，是在阳畦的基础上，将畦框加高、加厚、增加采光面积，主要由土墙、棚架、后棚顶、薄膜和不透明覆盖物组成，防寒保温效果较好。

阳畦依覆盖物不同，可分为玻璃覆盖阳畦和薄膜覆盖阳畦。

（三）温床

温床是育苗或栽培的简易设施，它除具有防寒保温的设备外，还有酿热、水暖及电热线加温的增温手段来补充日光增温的不足，克服了阳畦昼夜温差大和夜温不足的缺点。这样温床即使在寒冷的季节或地区亦可用来进行蔬菜育苗。温床主要有酿热温床和电热温床。

酿热温床是在阳畦的基础上，在床糟内填放一定厚度的酿热物，如马粪、树叶等，利用酿热物发酵过程中释放的热量来提高床温，以补充太阳辐射增温的不足，达到育苗的目的。

电热温床是用电热线把电能转化为热能，对育苗床土进行加温，使育苗床土保持茄子育苗需要的温度。电热温床培育出的茄苗，根系比较发达，幼苗生长强势，容易培育出壮苗，并且育苗期也较短。但电热温床育苗需要电源支持，苗床失水快，容易发生干旱，水分管理要求较严格。为节省用电，电热温床多与温室、大棚或阳畦等育苗设施相结合，在电热温床内培育小苗，在温室、大棚、阳畦等设施内培养成大苗。

（四）棚室苗床

棚室苗床是指在大棚或日光温室中设置的苗床。不加温的为棚室冷床，加温的为棚室温床。

六、苗床土

用于茄子育苗的床土有机质含量要高，氮、磷、钾、钙、镁、铁等养分齐全而充足；土质疏松，透水性、透气性良好，中性至微碱性；土质清洁，未受污染，不带病菌、虫卵及对茄苗有害的成分。在优良的床土上，茄苗根系发达，生长快，病虫害少，易于培育出壮苗，促进茄子早开花，利于提高早期产量。

（一）床土来源

床土一般用菜园土、经腐熟的厩肥（猪或牛厩肥等）和速效性化肥等配制，有时还加入少量石灰、过磷酸钙等，以调节酸碱度和增加养分。菜园土应尽量从未种过茄果类、瓜类蔬菜和马铃薯、烟草以及没有发生过油菜菌核病的田块中掘取，以用15～20厘米的表土层为好。园土6份加厩肥4份混匀，再于每立方米粪土中加鸡粪25千克，硫酸铵0.5～1千克或尿素0.25千克，草木灰15千克或硫酸钾0.25千克。鸡粪和化肥的使用量不可过多，否则会造成烧苗。分苗床土的配制与播种床床土的主料一样，只不过是土和粪的比例不一样，播种床土与粪的比例为6：4，分苗床土与粪的比例为7：3。播种床床土一般厚10厘米，每平方米床面约需床土120千克；移苗床床土一般厚15厘米，每平方米床面约需床土200千克。要特别指出的是，在培养土的准备过程中，尿素、硫酸铵等氮素化肥，只能在混合培养土堆制过程中使用，不宜撒在苗床内耙入后随即播种。

（二）床土消毒

为防止苗床带有土传性病菌，既应注意田块的选择，还应进行床土消毒。床土消毒常用方法有：

1. 福尔马林（40%甲醛）**消毒**　用200～300毫升福尔马林加水25～30千克，可消毒床土1 000千克。消毒方法：入床前15～20天，将土堆在露天，喷入配好的福尔马林溶液，充分拌匀后盖上湿草帘，堆闷2～3天。然后揭去草帘，经15～20天，待土中福尔马林气体散发尽后，即可作床土或配制营养土。为加快气体散发，可将土弄松。如药味没有散完，会发生药害，不能放入苗床内，更不可用来播种。

床土用福尔马林消毒后，可有效减轻茄苗猝倒病和菌核病的发生。

2. 401 抗菌剂或 50％多菌灵或 70％苯来特消毒　用每平方米厚 7～10 厘米的床土，在三种药剂中任选一种，用量 4～5 克，加水溶解后喷洒床土，拌和均匀。加水量依床土湿润情况而定，以充分发挥药效。苗床要充分通气后才能进行播种或移苗。

3. 五氯硝基苯粉剂、代森锌或福美双可湿粉等量混合消毒　每平方米床面用 70％五氯硝基苯粉剂、65％代森锌、50％福美双可湿粉等量混合 8～9 克，与半干细土 12～15 千克拌匀，在茄子播种时作垫籽土或盖籽土，可防治茄子猝倒病和立枯病。

特别注意：要严格三种药剂的用量，每种药剂在 1 平方米的面积上不能超过 5 克，否则会产生药害。

4. 高锰酸钾消毒　用 0.1％的高锰酸钾溶液 7～10 千克喷洒后，用薄膜盖严，闷 3～4 天，有一定的杀菌作用。

5. 高温消毒　夏季高温季节，把配好的床土放在密闭的大棚或温室中平摊 10 厘米厚，使棚室中午的温度达到 60℃，连续 7～10 天，可消灭床土中部分病菌，如猝倒病、立枯病、黄萎病等。

（三）育苗床整畦

茄子育苗床可以根据实际情况，整成低畦面或高畦面。

1. 低畦面苗床　即苗床的畦面低于地面，畦面宽一般 1.2～1.5 米，畦埂高出畦面 15 厘米以上，多用于低温期茄子育苗。其优点：一是播种时浇水均匀，水量充足，底水容易浇透，育苗期间不易缺水，出苗快而整齐；二是苗畦的保水能力强，苗期浇水次数少，畦面相对干燥；三是保温效果好，低温期育苗利于培育优质壮苗。其主要缺点是：苗床的通风效果较差，浇水后，不仅易发生积水，影响根系生长，同时还会使苗床在较长时间内保持较高的湿度，易引发苗期病害。

低畦面苗床主要有普通型（畦土苗床、营养土苗床）和育苗钵型。

（1）畦土低畦面苗床　这是一种传统育苗常用的方法。它是在整好的畦内，拌入适量的肥料、农药等，与原土混合后，直接进行育苗。采用这种方法时，土、肥、药很难掺拌均匀，因而茄苗整齐度较差，且地下根系分布不规律，起苗移栽时伤根严重，缓苗时间加长。

（2）营养土低畦面苗床　是在整好的床坑内均匀填入营养土，在营养土上育苗。由于营养土经过了人工配制，不仅营养全面均匀，而且理化性状良好，茄苗生长整齐，根系较集中，移苗时伤根少。建造营养土低畦面茄子育苗床时，既可以采取就畦取土法，也可以运用客土法。

①就畦取土法　就是用育苗畦内挖出的土就地配制营养土。其步骤为：筑畦埂→挖苗床坑→配制营养土→回填营养土→浇水。

筑畦埂时，畦埂宽一般20厘米、高10厘米左右，并要踩紧踏实。

茄子育苗过程中需要分苗，所以要准备播种床和分苗床。播种床的播种量一般为每平方米4～5克，出苗1 000株左右，而分苗床的栽植密度为每平方米100株左右，因此，1平方米的播种床需要10平方米的分苗床与之配套，且距离栽植田较近。播种床坑深10厘米，分苗床坑深12～15厘米。床坑四边及坑底整齐，坑底踩实后平铺一层干净细沙或细炉渣，使育苗土与底土隔离，以便于起苗时容易切块护根。

配制营养土时，应将挖出的土破碎过筛，在畦边与肥料、农药混合均匀。

回填营养土时，应注意填土的厚度。播种床填土厚度不低于10厘米，分苗床填土厚度不低于12厘米。填入营养土后，将床面耙平，轻踩一遍，使土紧实，以避免浇水后畦面发生裂缝。

床面整好后即可用水浇透。若在高温期育苗，水渗后畦面稍干、表土松散时播种；若在低温期育苗，浇水后可用小拱棚将苗床密封，促进苗床升温，待土壤温度升至 13～15℃时播种。

②客土法 事先配制好营养土，育苗床建好后，直接将营养土填入坑内，踏实后浇透水，地温适宜时播种。

（3）育苗钵型低畦面苗床 就是在育苗时将育苗钵整齐排放在畦坑内，畦坑底面平整，深度一般为 10～15 厘米。

2. 高畦面苗床 一般畦面宽 1.0～1.2 米，畦面高出地面 10 厘米以上，多用于高温多雨季节的茄子育苗。其优点是：畦面较高，排水好，畦面不易积水；畦面通风好，地面湿度低，茄苗病害少；苗床透气性好，利于根系发育；分苗、栽苗时，可以进行土块切割，保护根系。其缺点是：浇水不均匀，畦面四周易缺苗；浇水后畦面干燥快，需要经常浇水，费工费时。

常见的高畦面苗床主要有普通型（畦土高畦面苗床、营养土高畦面苗床）和育苗钵型，其建造、操作过程与低畦面苗床基本相同，根本的区别在于苗床的畦面高出地面。这类苗床的畦面一般高出地面 10～15 厘米，宽 1.0～1.2 米。

七、种子处理

茄子种子播种前，一般要进行晒种、消毒、激素处理、浸种、催芽等处理。

（一）晒种

晒种就是播种前将茄子种子置于太阳下晾晒。通过晒种，利用太阳光中的紫外线杀灭种子上所带的部分病菌，减少苗期病害；晒种可以提高种子的体温，促进种子内营养物质的转化，增强种子的发芽势；对一些新种子进行晒种，可以促进后熟，提高发芽率；晾晒后的种子含水量减少，吸水能力增强，可以缩短浸种时间。

夏季高温期晒种要避免阳光暴晒，也不要直接将种子放在水泥地或石板等吸热快、升温快的物体表面上，应将种子置于布或纸上，在中等光照下晾晒。若在强光下晒种，会使种子失水过快，伤害种胚；而在吸热快、升温快的物体表面上晒种，则易烫伤种子。

晒种时间不宜过长，一般晒种 1～2 天。

选择无风天气晒种，且与其他种子相距较远，以防种子被风吹散或发生种子混杂。

（二）消毒

消毒就是对种子上携带的病菌、病毒及虫卵等予以处理，从而减轻苗期病虫危害。目前，多用高温灭菌和药剂消毒两种方法。

1. 高温灭菌 常用高温灭菌有温汤浸种消毒、热水烫种。

（1）*温汤浸种消毒* 把种子装入纱布内，用 50～55℃ 温水浸种，并顺着一个方向不断搅动，一直保持 15 分钟 50～55℃ 恒温。恒温 15 分钟后再倒入冷水，搅均匀，使水温下降至 30℃，继续正常浸种 8～10 小时。浸种过程中应反复淘洗和搓揉种子，以洗掉部分黏液。

（2）*热水烫种* 先漂出瘪种子并保持冷水浸没种子，再倒入开水，边倒水边顺着一个方向搅动，在水温上升到 70～75℃ 时停止倒开水，在搅动中维持 1～2 分钟 70～75℃ 恒温，再倒冷水，使水温下降至 30℃，再浸泡 8～10 小时左右。

2. 药剂消毒

常用药剂消毒有药剂浸种、药剂拌种。

（1）*药剂浸种消毒* 用于浸种的药液必须是溶液或乳浊液，不能用悬浊液。药液浓度和浸泡时间必须严格掌握，以免产生药害。药液要浸过种子 5～10 厘米。常用的药剂有 50% 多菌灵 1 000 倍液浸 20 分钟；10% 磷酸三钠浸种 20 分钟；0.2% 高锰酸钾浸种 10 分钟；100 倍液福尔马林浸种 10 分钟。药液浸种后，

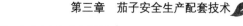

要反复用清水冲洗，然后进行清水浸种。

（2）药剂拌种消毒　常用的药剂有克菌丹和多菌灵，药量是种子干重的 0.2%～0.3%，充分拌匀，使药粉均匀地沾到种子上。种子的药剂消毒，可以消除种子表面及内部的病原菌，有着明显的防病效果。

（三）激素处理

激素处理的目的是打破休眠，提高种子发芽率，缩短发芽时间，使种子发芽整齐。目前，常用的激素以赤霉素为主。

（四）浸种

浸种就是在播种前对种子用水或营养液进行浸泡，目的是使种子在较短时间内吸足水分，缩短出苗时间，对于减轻苗期病害十分有利。

（五）催芽

茄子种子出芽对温度、湿度、透气性等条件要求比较严格，如果将消毒处理过的种子直接播种，往往会出现发芽和拱土困难。若将种子放置在温度、湿度、氧气及黑暗或弱光等条件适宜的环境中进行催芽，而后播种，则会缩短种子出土时间，提高发芽率和发芽整齐度。常用的催芽方法有：

1. 催芽箱或恒温箱催芽　把种子装入纱布袋中，再把纱布袋放在催芽盘中，然后将催芽盘放入恒温箱中催芽。当 50% 左右胚根外露时，即可取出播种，否则，先出的幼芽过长，播种时易折断。

2. 常规催芽　浸种结束后，捞出种子，反复搓洗冲净种子上的黏液，把表面浮水吸干，将种子装入布袋或包上布包后能松散通气。种子袋或种子包不能太厚，以平放不超过 3 厘米厚为宜，以受热均匀。用棉布垫或毛巾把种子袋或种子包夹好，放在

20～30℃左右的条件下催芽，6～7 天大部分出芽。催芽过程中每天用清水投洗 1～2 次，以补充水分和氧气。每隔 4～5 小时把种子袋或种子包翻动一次，使其上下受热均匀。

3. 锯末催芽　先在木箱内装入 10～12 厘米厚、经过蒸煮消毒的新鲜锯末，撒上水，待水渗下后，用粗纱布袋装半袋种子，平摊在锯末上，种子厚度 1.5～2 厘米，然后在上面盖 3 厘米厚经过蒸煮消毒的湿锯末，将木箱放在火道、火墙附近或火炕上，保持适宜的温度催芽。这种方法不需要经常翻动种子，发芽快而整齐。

4. 热炕催芽　准备好瓦盆，将瓦盆刷净，盆底垫上干净毛巾或纱布，将处理过的种子倒入瓦盆中，种子上面覆盖一层潮湿干净的毛巾或纱布，盆的上面再盖一层麻袋或棉毯，放到热炕上催芽。为防止盆底过热伤种，应在盆下垫一层木条或作物秸秆。

5. 变温催芽　为使种子出芽整齐，通常采用变温处理，每天白天 28～30℃催芽 16 小时，夜间放到 16～18℃条件下催芽 8 小时，每天用清水投洗种子 1～2 次。一般 4～5 天即可整齐出芽。

6. 低温催芽　将处理过的种子放在 4℃左右环境中 2～4 小时，取出升至室温，再置于 4℃左右环境中。反复几次后，装入湿麻袋，放在 25～30℃温度下催芽。

八、播种与苗期管理

(一) 播种

1. 播种量　播种时播种量要适当。播种量不足，出苗稀少，浪费苗床；播种量过大，出苗过多，会浪费种子和增加间苗用工。播种量的多少应考虑种子的发芽率、净度的高低以及成苗率等因素。

(1) 苗床播种量　一般情况下，每定植 666.7 米² 茄子，需

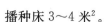

播种床 3～4 米²。

播种量（克/米²）＝每平方米株数（株/米²）÷﹛每克种子粒数（粒/克）×发芽率（％）×净度（％）×成苗率（％）﹜

茄子 1 克种子粒数为 200～250 粒，1 米² 苗床的苗株数为 2 000～2 500 株。如果是温床育苗，1 米² 播种量为 15～20 克。

（2）666.7 米² 播种量　生产中计算播种量，发芽率、有效出苗率均按 85％～90％，安全成苗率按 70％～80％，以千粒重 4.5 克计算（每克种子约 220 粒），每 666.7 米² 栽 3 000 株的情况下，666.7 米² 用种量＝3 000÷（220×85％×85％×70％）＝27 克。但在育苗过程中不可避免会有一些损失，且定植后还要补苗，所以通常要有 20％～30％ 的备用苗，这样播种量就达到 32～35 克。

2. 播种时应注意的问题　茄子播种前，整平床面，除去床面粗土块、碎石及其他杂质，浇足底水，使床内 6～10 厘米土层湿润。

（1）晴天播种　播种时，要选择无风晴天，特别是冷床育苗时要做到"三抢"，即抢晴天、抢中午、抢覆盖。一般采用撒播或条播，但不论哪种播种方式，都要使种子分布均匀。为了做到这一点，播种前要将粘在一起的种子分散开，播种时采取少量多次的办法，每次少播一些，来回重复多播几次，尽量将种子播匀。

（2）播种后防止晒芽和冻芽　催芽后的种子播种后，若不及时盖土，在晴天阳光下容易晒伤胚根，在温度较低时又会使胚根受冻。因此，要随播种随均匀盖土，盖土厚度 0.5～1 厘米。"盖籽土"可用疏松的有机培养土、基质或细土，并掺入适量的砻糠灰。

（3）播种后保温遮光　盖土后，用作物秸秆、无纺布、油纸、废旧报纸等覆盖床面，以保温保湿和遮光。

（二）苗期管理

1. 播种后至出苗阶段的管理 茄子播种后至出苗期间的管理主要是温、湿度的管理。茄子出苗的适宜温度为：白天 25～30℃，夜间 20～22℃，苗床适宜土温 20℃以上，最低保证在18～20℃，若温度适宜，5～6 天便可出苗。低温期育苗时，播种后在苗床上铺一层地膜，再在苗床上设拱架，覆盖一层薄膜，实行多层覆盖，这样可有效地提高地温和气温，达到出苗的温度要求。当大部分幼苗开始顶土时，要及时撤掉地膜，防止烤伤幼芽。最好是每天上午检查一遍，发现大量顶土，立即撤膜。盖小拱棚的，撤膜前应当放小风，防止出苗过快。撤掉地膜后，如果盖土逐渐干燥，应当轻轻喷水，使盖土保持湿润，并把盖土轻轻扦碎，使盖土与下面的床土密切接触，保持种皮湿润，防止幼根、幼茎受害和出土"戴帽"。如发现有"戴帽"现象，应人工拿去种皮，因为"戴帽"生长的子苗最易徒长。但是不能干摘帽，否则，易把子叶摘掉或摘断。应当先喷些水，使种皮湿润，再轻轻帮助摘帽。或者傍晚盖帘子前，轻轻喷水，让苗子经过夜间自己脱帽。夏季高温季节育苗时，需覆盖遮阳网或凉棚降温育苗。

2. 出苗至分苗前的管理 这一阶段的管理主要是控制温度，增强光照，调节湿度，保证小苗稳健生长。

茄子在子叶出土至真叶破心期不易徒长，直至分苗前，维持18～20℃地温，白天气温25～28℃，夜间 16～17℃，但不能低于 15℃。在日光温室内育苗，主要依靠适时揭盖草苫、纸被等覆盖物，使白天充分吸收光能来提高床温，夜间要及时保温。中午温度超过适温上限时，可从温室顶部扒小缝通风降温。出土后，要创造良好的光照条件，让子叶充分受光尽快变绿，有利于壮苗。经常清洁棚膜，每天至少要保证 6 小时以上直射光。水分管理上，以保水为主，苗床表土干 1 厘米左右时浇水，保持见干见湿。如需浇水，一定选在晴天上午 10～12 时之间，此时气温升高，浇水后床温不至于过低，而且能迅速回升。避免阴雪天、寒流天气和傍晚浇水。至分苗前一般不需要追肥，床土中的肥分一般都够用。

3. 分苗 分苗也称倒苗、移苗、移植或假植。随着秧苗不断长大，苗间保留的距离已不能适应幼苗继续生长的需要时，为了防止茄苗互相拥挤遮挡，改善苗子间的通风透光条件，扩大单株营养面积，需及时分苗。通过分苗，切断部分幼根，可促进以后多发侧根并使根群集中分布在主干附近的土壤中，在挖苗定植时减少根系受损，容易成活，幼苗整齐一致，达到培育壮苗的目的。

（1）**确定分苗期** 确定茄子分苗移栽期的依据是茄子的花芽分化始期。茄子小苗从第一片真叶露出到开始现蕾为幼苗期，在幼苗期同时进行着营养生长和生殖生长，幼苗在展开 2～3 片真叶时开始花芽分化，真十字期（4 片真叶期）是营养生长与生殖生长的转折期。这以前，茄子幼苗的生长量很小，真十字期后，幼苗的生长量猛增，苗期生长量的 95％ 是在这个阶段完成的。根据这一特点，茄子在真十字期前（2～3 片真叶时）进行分苗移植最适合。

（2）**分苗设施** 茄子通常只移苗一次，即把幼苗从原苗床挖出后直接移至温室、大棚或小棚中的营养钵或营养土块中。移苗时采用护根措施是茄子获得早熟丰产的重要一环。尤其在早熟栽培中，宜应用营养钵等护根措施。护根容器的直径最好为 10 厘米，一般为 8 厘米，主要有下列几种：

①纸钵。是简便有效的护根容器，可用旧报纸为材料，成本低，易于推广。

②草钵。在有稻草的地方可采用。

③塑料套钵。利用旧塑料薄膜加工或购买成品按需裁剪加工而成。

④河泥块。用河泥块同样有较好的护根效果。

⑤塑料营养钵。塑料营养钵在北京、上海等地均已批量生产，按可重复利用的茬次计算成本也并不太高，可酌情选用。

（3）分苗　为避免移苗时幼苗受到生理性损伤而妨碍花芽分化，当幼苗展开 2～3 片真叶时就应及时将幼苗移入营养钵内。营养钵育苗可避免以后放大苗距进行排苗或起秧定植时对秧苗的损伤，可以缩短定植后的缓苗时间或不出现明显的缓苗现象。分苗前要准备好分苗床、营养土和营养钵。排放营养钵的分苗床可做成电热温床的床基一样，铺上电加温线和一薄层细土。而后将营养土分别灌装到 10 厘米×10 厘米的营养钵中，排放到分苗床上，再移植秧苗。分苗同样要选在晴好天气进行。分苗前幼苗要浇"起苗水"，以利起苗和减少伤根。移栽后要及时浇水，并随即套上小拱棚，覆上塑料薄膜和遮阳网，以避免过强阳光直接照射，进行遮阳、保温、保湿管理，以促进发根活棵。一般 2～3 天后要及时揭去遮阳网，并根据棚内温度情况逐渐开始通风。

（三）分苗至定植前的管理

分苗到定植前的管理主要是温度、湿度管理。

分苗结束后应立即采取增温保湿措施。白天温度保持在25～30℃，夜间保持在 15～18℃。草苫要早揭早盖。天气晴好，棚内温度过高时，可适当遮阴，以免根系未恢复前，蒸腾量太大而引起幼苗失水萎蔫。这段时间一般不通风，以保持棚内较高的空气湿度，5～6 天后，幼苗心叶开始生长，标志着缓苗已结束。

缓苗后，主要是充分利用光照，增强幼苗的光合作用，并通过控制苗床的土壤和空气湿度及温度，充分进行幼苗锻炼，培育壮苗，增强幼苗的抗逆能力。这一段时间应加大通风，适当降低温度，尤其是夜温，以防幼苗徒长。通风时应注意不要突然通大风，否则会造成"闪苗"，导致叶子萎蔫、干枯。连续阴天或雪后骤晴突然揭苫也会造成"闪苗"。缓苗后应控制浇水，如果土

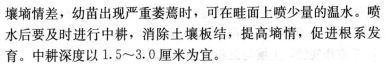

壤墒情差，幼苗出现严重萎蔫时，可在畦面上喷少量的温水。喷水后要及时进行中耕，消除土壤板结，提高墒情，促进根系发育。中耕深度以 1.5～3.0 厘米为宜。

苗床内一般不会缺乏养分。如果出现缺肥现象，可追施一些腐熟的有机粪肥，也可用 0.3％～0.5％磷酸二氢钾或尿素水溶液进行叶面喷施。

为了培育壮苗，提高其抗逆能力，一般在定植前 5～7 天开始对幼苗进行锻炼。锻炼的措施主要是降温控水。白天的床温可降到 15～20℃，夜间的温度可降低到 5～10℃，在幼苗不受冻的前提下，尽量降低夜温。加大昼夜温差，加大通风量，逐渐使苗床温度趋近生产场所的温度。伴随着低温锻炼要控制浇水，防止出现再次旺盛生长现象，以提高秧苗对外界环境的适应性和定植后的成活率。

九、常用的育苗技术要点

主要简述茄子生产中常用的大棚冷床育苗、温床育苗、小拱棚春早熟栽培育苗、露地春茄子育苗、茄子嫁接育苗、茄子穴盘育苗、无土育苗等技术。

（一）大棚冷床育苗

大棚冷床育苗的播种期一般为 10 月上中旬，每 666.7 米²播种量 5～6 千克，10 月下旬～11 月上旬适时分苗假植。冷床育苗的步骤大体为：首先，确定适宜的播种期和播种量；其次，做好播前准备；第三，适时播种；第四，茄苗假植；第五，苗期管理；第六，病虫害防治。

1. 播前准备

（1）苗床准备 提早 2 周覆盖大棚并翻坑土，充分耙细整平。按每棚 3～4 个苗床纵向开厢，若棚太长，可在中部横断开成 6～8 厢，或以棚中部为走道，两边按 1.5 米宽横向开厢。每 666.7 米² 施腐熟人畜粪肥 2 500～3 000 千克、三元复合肥 25～30 千克作底肥，土壤与肥料要充分混匀。提前 7～10 天用甲基托布津 300 倍液或代森铵 200 倍液或 500 倍液甲醛液进行土壤消毒，再覆盖薄膜保湿，播种前 2～3 天敞开薄膜，让多余的药液挥发，以免造成药害。

（2）营养土准备　将堆肥、腐熟人畜粪、未种过茄果类蔬菜的园土按一定比例混合均匀，或用园土 50％、渣肥 50％配制营养土，再加入一定量的尿素、过磷酸钙和硫酸钾肥料混合均匀。在营养土混合配制过程中喷洒药剂消毒，然后覆盖薄膜熏蒸一周，敞开 2～3 天，待多余药液挥发后才能播种。

（3）种子处理　用 0.5％的高锰酸钾液浸种消毒 30 分钟，冲洗干净后，温水浸泡 20～24 小时，用毛巾或湿布将种子包置于 28℃环境条件下催芽，每天用清水冲洗 1～2 次并注意保湿，待 60％～70％种子"露白"后，即可播种。

2. 播种　将消毒后的营养土撒在施过底肥的厢面上，营养土厚度以盖平厢面无缝隙为度，浇足底水，然后将催芽种子混拌细沙均匀撒在厢面上。播种后用消过毒的营养土或细石骨子土覆盖，厚度以 0.5～1 厘米左右为宜，再盖薄膜保温保湿。注意温度不宜超过 30℃，待 2/3 种子出苗，子叶展开，应及时揭去薄膜。

3. 苗期温湿度管理　苗期应注意三个时期的管理。

（1）播种后—冬至　此期一般温度正常，尤其前期晴天多、棚温高，水分蒸发快，应注意降温保湿，勤开门窗，通风降温，并及时补充水分，保证湿度。后期若湿度过大，应注意通风排湿，以利炼苗。

（2）冬至—立春　此期低温多雾、湿度大，应注意保温排湿，及时刮去大棚内薄膜上水滴，不论是晴天，还是阴天，甚至连续雨天，中午必须坚持换气排湿，以降低棚内湿度，严寒期可

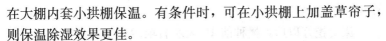

在大棚内套小拱棚保温。有条件时，可在小拱棚上加盖草帘子，则保温除湿效果更佳。

（3）立春后—定植　此期除寒潮外，温度开始逐渐回升，尤其在后期温度回升更快，应适当延长通风换气时间，以锻炼幼苗。并适时追施稀薄清粪水，适当加尿素提苗，使多发须根，促进幼苗生长。

4. 苗期病虫害防治　苗期病害主要是立枯病、猝倒病和灰霉病等，应采用农业综合措施进行防治，如加强土壤、培养土、种子消毒，苗期防霜冻，保温排湿等，同时结合药剂防治，可用50％速克灵可湿性粉剂 2 000 倍液或 50％扑海因可湿性粉剂1 000倍液喷雾防治灰霉病；可用 50％多菌灵可湿性粉剂 500 倍液，或 80％托布津可湿性粉剂 800 倍液，或 75％百菌清可湿性粉剂 600 倍液，或 64％杀毒矾可湿性粉剂 500 倍液喷雾防治立枯病和猝倒病，7～10 天一次，连续 2～3 次；茄子苗期虫害主要是蚜虫，可用阿立卡、吡虫啉等药剂防治。

5. 分苗假植　假植时期以 2 叶 1 心期为宜，假植于营养钵或苗床内，按株行距 8～10 厘米见方，每窝 1 株，营养钵所用营养土如前所述。假植在苗床土中，要注意施足底肥，否则幼苗生长瘦弱。

（二）温床育苗

温床主要有酿热温床和电热温床两种。

1. 酿热温床育苗

（1）酿热温床的建造　酿热温床是在阳畦的基础上，在床糟内填放一定厚度的酿热物，利用酿热物发酵过程中释放的热量来提高床温，以补充太阳辐射增温的不足，达到育苗的目的。常用酿热物有马粪、树叶等。酿热温床中温度最高的地方是距北墙1/3 处，其次是床的北边，南边温度最低，因此将床底造成一个半弧形，南边填充酿热物最多，北边次之，这样可以使整个温床温度趋于均匀一致。

床坑挖好以后，播种前10天左右填酿热物，最好在床底铺垫4～5厘米厚的碎草，踩实，浇透热水，以利通气和减少散热。然后，将新鲜的、尚未发酵的马粪或牛粪与作酿热物的秸秆、树叶等按3∶1的比例混合均匀后填入坑内，其上再覆盖一层厚10厘米的床土，为了增加酿热物中的细菌数和氮素营养以促进发热，在填酿热物时，可将酿热物铺平踏实后浇一遍人粪尿或猪粪尿，然后铺第二层，踏实后再浇粪肥并铺第三层。所填的酿热物要有一定厚度，酿热物的填充厚度一般在20～60厘米之间，平均厚度一般为30厘米。

填完酿热物后白天应盖膜，夜间要加盖草帘保温，促使其发酵和发热，一般经3～4天即可发热，此时可先铺一层约10厘米厚且不太细的一般床土，在其上浇一遍腐熟浓粪肥，每平方米0.5～0.75千克，然后再铺一层厚约7厘米的营养土，耙平畦面。特别注意床内四周要踩实，防止在浇底水时畦面局部下陷。

（2）酿热温床育苗技术要点

①根据拟定的栽培方式，确定播种期，然后根据播种期向前推算7～10天，建好温床。若酿热物填得太早，苗床高温期已过，不能充分发挥其作用，反之，若一建床就播种，床温尚未上升，种子播后温度太低，与冷床别无两样，影响种子发芽，后期温度太高，又容易引起秧苗徒长。

②在播种前浇底水时，不可大水漫灌，否则床温下降，通气状况恶化，会限制或终止细菌活动。浇底水以湿透培养土为宜。

③及时揭盖苗床。酿热温床的温度比冷床高，早上揭去不透明覆盖物的时间应比冷床稍早，下午盖床比冷床稍迟，使苗床充分透光，防止秧苗徒长。

④及时浇水。酿热温床温度较高，水气蒸发量大，床土表面易干，但人们往往怕秧苗徒长而采取控水的办法，以致造成部分僵苗，叶色呈深绿色，植株生长缓慢，应该根据天气状况，对苗

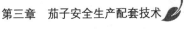

床内干的地方，用小喷壶浇水。

⑤及时分苗。由于酿热温床的温度较高，种子发芽较快，要及时进行分苗，否则，会因秧苗过密形成高脚苗。

2. 电热温床育苗

（1）电热温床建造 电热温床是用特制的农用地热线加热床土，提高土温的一种设施。电热温床的温度通过控温仪控制，地温适宜，出苗快而整齐，根系发达，苗壮，定植后缓苗快。建造步骤为：第一，先挖好宽 1.3～1.5 米、深 10 厘米的床坑，长度不限，可按需而定。把床底整平。第二，在整平的床底均匀的铺一层隔热材料，一般为约 5 厘米厚的稻草或破草苫。隔热层上再铺 5 厘米厚的干土或细沙，整平后为布线层。第三，在布线层两端按计算好的距离钉上木桩。把线的一端固定好，拿线从一侧往返于温床两端，将线拉紧，防止交叉或打结。铺完后通电检查线路是否畅通。如没问题，可铺床土。为保证较高土温，床土不宜太厚。一般播种床床土以不超过 5 厘米为宜；移植床床土不超过 10 厘米为宜。铺完土，整平畦面，浇水，就可以播种。

建造电热温床时，电热线不得交叉、重叠或打结，不可作导线使用，不得截短使用；布线条数为偶数；多根电热线使用时只能并联，不能串联；苗床管理或电热线检修时应先切断电源；育苗结束取线时，不能硬拔、强拉，更不能用锹、铲等挖掘起线；电热线最好由电工或懂用电知识的人铺设，苗床管理时要防止损伤电热线。

（2）电热温床的正确使用

电热温床育苗具有冷床及其他设施无法比拟的优点。但要掌握正确的使用方法，才能使育出的秧苗根系发达、苗粗、苗壮、移栽成活率高，并且省工、省时、省种、降低育苗成本。

首先，根据育苗量确定苗床尺寸和深度。电热温床的最大特点是用种量少，每平方米用种 3～4 克（每克约 185 粒），成苗率按 95％计算，就可确定苗床尺寸，深度一般掌握在 6～15 厘米即可。

其次，根据苗床保温措施决定用电量。在苗床的四周应衬垫5～10厘米厚的泡沫保温板，苗床底部垫3～5厘米厚的蛭石或珍珠岩（麦秸也可），使电热床的热量不向外散出，达到保温省电的目的。

第三，变温管理措施。白天一般在20～30℃，夜间15～20℃，出苗后统一降温5℃左右，分苗前3～5天停止加温炼苗。分苗后，应加快缓苗，通电加温提高2～3℃，以加快伤口愈合，促进新根发生。晴天阳光充足，在地温达到目标温度时可停止加温，夜间加保温被保温，阴雨、雪天不要打开保温被，小棚内应加补光灯补光，防止散热，光源采用日光灯、白炽灯、三基色灯均可，最好选用育苗专用灯，补光面积一般掌握在每盏灯3平方米，如8米×1.5米的苗床用4盏灯就可以了。

（3）电热温床育苗技术要点

①确定适宜的播种期。利用电热温床育苗，茄子的苗龄为60～65天（5叶），较阳畦育苗、小拱棚育苗等，苗期缩短。因此，应根据苗龄和定植时间来确定苗床的播种时间。在我国，不同地区茄苗定植时对秧苗生理苗龄大小要求不一样，如果希望秧苗生理苗龄再大些，可适当延长育苗天数。

②适当减少播种量。电热温床的成苗率很高，播种量应适当减少。

③注意检查控温效果。

④注意炼苗和分苗。在分苗前3～5天，电热温床内停止通电降温锻炼秧苗。锻炼期间尽量使苗床温度略低于分苗床温度。从播种至分苗，茄子约经25～30天。

⑤注意肥水管理。电热温床培育小苗，时间较短，育苗畦内应施足基肥，一般不需追肥。如有条件可叶面喷施0.2%的磷酸二氢钾液2～3次。电热温床内的温度较高，水分蒸发较多，秧苗表现缺水时，可适当浇水。

⑥注意防止徒长。目前，对电热温床温度的控制，只能增温不能降温，在管理上稍一疏忽，往往造成床温过高，秧苗徒长。最有效的防止措施就是经常检查，控制通电时间，以获得适宜的床温。

⑦注意安全问题。在操作过程中严格电工操作技术规程，以免发生危险。

（三）小拱棚春早熟栽培育苗

小拱棚茄子春早熟栽培培育适龄壮苗，应把好种子催芽、播种期、播种技术、苗期管理等关口，做到催芽适时、播种期适宜、播种技术精良、苗期管理精细、定植前炼苗适当，以培育出适龄壮苗。

1. 催芽 播种前 6～7 天，将种子投入 78～80℃热水中，迅速搅拌，待水温降至 35℃左右时，停止搅拌，置于 20～25℃温度条件下浸种 8 小时。浸种后将种子搓洗干净，然后捞出晾 2～3 小时，使种子表面干爽，无黏滑感时，用浸湿拧干的湿布将种子包好，外套塑料袋，或将种子包置于瓦盆内的木架上，使种子包完全暴露于空气中，盆上加盖，将瓦盆置于 25～30℃温度条件下催芽。催芽过程中要勤翻动种子袋，使种子之间有空气存在。每天用 30℃温水将种子淘洗一遍。淘洗后仍须将种子晾干表面水分后继续催芽。5～6 天后，大部分种子露白，即可播种。

2. 播种 塑料薄膜小拱棚茄子早熟栽培，适宜定植期为 3 月下旬，向前推加 90 天的育苗期，播种时期为 12 月下旬。如果用改良阳畦早熟栽培，播种期还应提前 10～15 天。播种后正是温度最低的小、大寒期间，因此，播种苗床必须是酿热温床或电热温床。酿热温床的酿热物厚度不少于 30 厘米，电热温床所需电热线功率较高，可按每平方米 100 瓦（W）布线。调制好苗床培养土，填入苗床。选择冷尾暖头、晴朗无风天气上午播种。将播种畦喷浇底水，底水量以湿透营养土层为宜。底水渗后撒播种子，每平方米苗床播种量 2～3 克（指干种子）。播种后覆土 1～1.5 厘米厚。覆土厚度要均匀一致。傍晚加盖草苫。育苗数量比较少时，也可用播种箱育苗，箱高 15 厘米，装培养土厚度 7～8 厘米，播种覆土后，箱口盖塑料薄膜，最好把箱子放入冬暖大棚北侧走道上，放到温暖室内也可以。播种后到出苗前主要是保温，要求白天温度达到 25～30℃，地温 16～22℃；约 5～7 天幼苗可出齐。播种后 1 个月，幼苗 2～3 片时，选择冷尾暖头、晴朗无风天分苗。

3. 育苗期间温度调控　各阶段温度调控如下：

催芽 28～30℃→70%露白后

↓播种

播种后　白天 25～30℃，夜温 18～20℃，地温 23～25℃

↓约 7 天后出苗，覆土 0.5 厘米

出苗后　白天 25℃左右，夜温 18℃左右，地温 20℃左右

↓播种后约 35 天分苗

分苗后　白天 26～30℃，夜温 18～20℃，地温＞20℃

↓3 天后缓苗，覆土 0.5 厘米

缓苗后　白天 25～28℃，夜温 18℃左右，地温 20℃左右

↓

4 片真叶后　白天 22～25℃，夜温降至 14～16℃

↓

定植前 7～10 天，日温 20～23℃，夜温 13～15℃，短时间可到 10℃左右。

4. 定植前炼苗　在定植前逐渐锻炼幼苗，不仅可以提高幼苗对不良环境的抵抗能力，使幼苗抗寒力和耐旱力增强，可忍耐一般霜冻（倒春寒），而且经过锻炼的幼苗定植后缓苗快，发棵早。

茄子炼苗的适宜温度为 8～11℃，炼苗时间 3～5 天。具体

方法是：在定植前 5～7 天，进行夜间低温炼苗。如果秧苗过嫩，为了免受寒害，可先用较高的温度（7～10℃）锻炼数天，然后再进一步进行低温炼苗。

在炼苗期间，要防止幼苗冻害。应经常注意收听当地天气预报，早春遇有寒流时，应当随时做好防寒保温工作。早晨揭开帘子要注意幼苗变化，发现幼苗有轻微冻害，应少盖点草帘，使育苗场所内光照减弱，千万不要使育苗场所内温度突然升高。待苗恢复正常后，再撤掉草帘。

（四）露地春茄子育苗

露地春茬茄子早熟栽培育苗的种子播种期为 2 月中下旬至 3 月上旬。播种前 2 个月左右配制好营养土，营养土常用配方是：取占营养土总量 60％～70％的菜园土、20％～30％的腐熟有机肥、5％～10％的人粪尿、0.2％的多元复合肥，将上述原料混合均匀，集中堆放，并加盖一层农膜密封，以防养分流失，保证充分发酵。营养土使用前两个星期施入 0.2％多菌灵和 0.05％辛硫磷与营养土充分拌匀，盖上农膜备用。用直径 10 厘米的营养钵育苗时，每 666.7 米^2 茄子的定植苗数为 1 800 株左右，再加 10％的预备苗约 180 株，每钵需营养土 0.4 千克，栽种 666.7 米^2 茄子，需配营养土约 800 千克。

在未种过茄果类蔬菜的地块上建阳畦做育苗床。苗床在播种前浇透水，撒播的每 666.7 米^2 播 15～20 克种子，摆播者每穴或每钵播 2～3 粒种子，然后覆 1～2 厘米厚的细土。

播种后白天盖严薄膜，夜间盖好草苫，气温短时达 40℃ 也不通风，7 天后即可出苗。幼苗出齐后到顶心期白天气温不宜超过 32℃，阴天时白天最高温度掌握在 20℃ 左右。待有 80％ 的幼苗拱土时覆细土，出齐苗后再覆细土，覆土厚度为 2～3 毫米。当第一片真叶顶心时进行间苗，苗间距为 3 厘米。

茄子间苗与分苗应在幼苗长至 2 片真叶时进行。分苗后棚内不通风，白天温度保持在 30℃左右，温度最低不低于 15℃，经 5 天左右幼苗恢复正常时再通风。缓苗后白天温度保持在 25℃左右，夜间温度保持在 10～20℃。阴雨、雪天要放风排湿，弱光条件下气温不能超过 25℃，夜间最低温度以 7～10℃为宜。幼苗在定植时应着生 6～13 片真叶，植株高 20 厘米左右，茎粗 5 毫米左右且大多数植株已显现大花蕾。定植前 7～8 天炼苗。

露地育苗要特别注意防三病，即猝倒病、立枯病和沤根病。

（五）嫁接育苗

嫁接育苗是采用野生茄科植物作砧木，将茄苗嫁接在砧木上的一项技术，国内外普遍应用。茄子嫁接后可以有效地防止土传病害（主要是黄萎病、立枯病、青枯病、根结丝线虫病）的侵害，而且产量高，品质好，收获期长，大幅度提高茄子的种植效益。

1. 砧木类型与种子处理

（1）砧木类型 目前普遍使用的砧木品种有赤茄、托鲁巴姆、CRP 和耐病 VF。

赤茄主要抗枯萎病，对黄萎病的抗性中等，适于与各种茄子品种嫁接，嫁接苗生长健壮，结果早，品质好，具有较强的耐寒和耐热能力，一般比接穗品种早播 7 天左右。

托鲁巴姆的嫁接苗抗黄萎、枯萎、青枯、线虫等土传病害，达到高抗或免疫的程度。但托鲁巴姆的种子在采收后具有较强的休眠性，种子出土后，前期幼苗生长缓慢，只有当植株长有 3～4 片真叶后，生长才比较正常。因此，采用托鲁巴姆作砧木时，需要比接穗苗提早 25～30 天播种。

CRP 的抗性基本与一般茄子品种相同，其嫁接苗适于保护地栽培，品质优良，总产高。需要比接穗提前 20～25 天播种。

耐病 VF 是日本的一代杂交种，主要抗枯萎和黄萎病。种子发芽容易，可与各类茄子嫁接且成活率高。播种时间仅比接穗苗

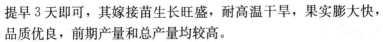

提早 3 天即可，其嫁接苗生长旺盛，耐高温干旱，果实膨大快，品质优良，前期产量和总产量均较高。

生产中，在具体选用砧木品种时，首先应考虑要解决什么病害，其次要根据地块的发病程度来选择适宜的砧木。

（2）砧木种子处理 茄子砧木的价格高，发芽率低（特别是托鲁巴姆），因此应采取各种方法来进行种子处理，以提高发芽率，降低育苗成本。目前普遍采用的有四种催芽处理方法：

一是浸泡处理。将种子浸泡 48 小时，然后将苗床地浇足底水，均匀播种，盖土后覆膜保墒保温。一般茄子砧木苗可以在 10～15 天发芽。

二是变温处理。将种子浸泡 48 小时，装入布袋，放入恒温箱中，30℃恒温处理 8 小时，20℃恒温处理 16 小时，反复变温处理。同时每天用清水冲洗一次种子，8 天后即可出芽。

三是激素处理。用每千克水加 100～200 毫克赤霉素浸泡种子 24 小时，再用清水浸泡 24 小时，再将种子置于温箱中进行变温处理，这种方法出芽较快，一般 4～5 天即可出芽。对于易发芽的砧木种子如赤茄、耐病 VF，可直接进行温汤浸种。

四是催芽剂处理。将一小瓶催芽剂加入 3 倍水混合，倒入 5 克茄砧种子，充分搅拌后浸种 24～36 小时。再用凉水冲洗，移入多层纱布内，用湿毛巾包好，装入塑料袋内，在自然变温、保湿（纱布和毛巾用手轻拧不淌水为宜）条件下催芽，每天用凉水冲 1 次，5～7 天芽出齐后播种。

2. 播种

（1）茬口安排 冬暖大棚秋冬茬栽培：于 6 月中下旬育苗，8 月中下旬嫁接，9 月上中旬定植，10 月中下旬收获。

大棚越冬茬：8 月上旬育苗，10 月上中旬嫁接，10 月底至 11 月初定植，元旦前后上市。

冬春茬栽培：11 月上中旬大棚育苗，1 月中下旬嫁接，2 月上中旬定植，3 月下旬收获。

(2) 砧木种子播种　在砧木催芽的同时，日光温室内开始整地作畦，畦宽 1.2～1.5 米，畦面填入配制好的营养土，厚 5～7厘米，整平踩实。播种前浇透水，待水渗下后，按每平方米 1 克种子播种，播种后覆 0.5 厘米厚细沙土，然后覆地膜保温。此时外界气温还较高，白天应将温室前面底脚薄膜掀起，保持白天温度 28～30℃，夜间 18～20℃，5 天左右即可出苗，当出苗达50％时，及时除去地膜。苗齐后，通风降温，白天 25℃，夜间15℃，待砧木长出第二片真叶时，移入 10 厘米×10 厘米的营养钵内。

根据所选用砧木类型，确定接穗茄子种子的播种期，并适期播种。

3. 嫁接

(1) 嫁接前的准备　嫁接前扣一个小拱棚作育苗床，用于摆放嫁接苗；将嫁接场所选择在距苗床较近且又光照较弱的位置，周围要洒些水，有一定的空气湿度；用长条凳或木板作嫁接台，在台上操作；嫁接完的苗子随即放入棚内，处于遮荫保温保湿状态；嫁接用的刀片和夹子要进行消毒。

(2) 嫁接时期　当砧木幼苗长到 5～6 片真叶、茎粗 0.4～0.5 厘米、接穗茄子 4～5 片真叶时即可嫁接。

(3) 嫁接　茄子嫁接部位一般是在砧木第 2 和第 3 片真叶之间的节上，一般采用劈接法和斜切接法。

劈接法是在砧木苗长有 5～6 片真叶时进行。先将砧木苗保留 2 片真叶，以上部分的茎叶一次性切除，然后由切口处茎中线向下切开 1～1.5 厘米深的切口。随后将接穗保留 1 叶 1 心，削成斜面长 1～1.5 厘米的楔形（与砧木的切口相适应），立即将其插入砧木的切口中，使切口对齐密合，然后用嫁接夹固定。

斜切接法是在砧木苗长有 5～6 片真叶时进行。将砧木苗保留 2 片真叶，用刀片将其以上部位切除。然后用刀片在第 2 片真叶上面节间斜削成呈 30 度角的斜面，去掉以上部分，斜面长 1～

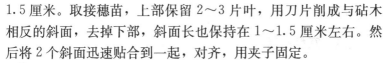

1.5厘米。取接穗苗，上部保留2～3片叶，用刀片削成与砧木相反的斜面，去掉下部，斜面长也保持在1～1.5厘米左右。然后将2个斜面迅速贴合到一起，对齐，用夹子固定。

（4）**接后管理**　茄子嫁接后都要摆到苗床里扣上小拱棚，将小拱棚内充分浇水，盖严小拱棚，使育苗场所密闭。嫁接后1周内空气湿度要达到95％以上，6～7天内不进行通风，6～7天后可揭开小拱棚底脚少量通风，9～10天逐渐揭开塑料薄膜，增加通风时间与通风量，但仍应保持较高的空气湿度，每天中午喷雾一二次，直至完全成活。白天适宜温度为25～26℃，夜间20～22℃。嫁接后的3～4天要全部遮光，以后半遮光（两侧见光），逐渐撤掉覆盖物及小拱棚塑料薄膜，10天以后恢复正常管理。

在接口愈合后，应马上摘除砧木萌叶，除萌要干净彻底，否则，直接影响接穗的生长发育。由于嫁接时砧木粗细、大小不一致，接穗去留叶片数也不一致，成活后，秧苗的质量将会有一定的差别，需进行分级管理，把愈合不良、生长较慢的小苗放在温度、光照条件好的位置，集中管理，创造较好的环境条件，逐渐追上大苗，淘汰假成活的苗子。靠接苗10天后进行接穗断根，然后按照一般苗管理即可。靠接和劈接苗上的嫁接夹，不宜早摘，一般在定植后摘掉为宜。

（5）**嫁接苗防病**　嫁接茄子的防病措施主要是：①嫁接部位要远离地面。栽苗时，嫁接部位要远离地面，不要将嫁接部位埋入土内，以免茄子接穗上诱发不定根后，引起发病。②地膜覆盖。地膜覆盖后，能够有效地防止地面带有病菌的污水飞溅到茄子的茎干上，减少发病。另外，覆盖地膜后，茄子接穗上发生的不定根也不容易扎入土壤内，从而提高防病效果。③不大水漫灌。大水漫灌容易淹没根茎，使嫁接部位浸入水中，一方面容易诱发不定根，另一方面污水中的病菌也会直接从茎干的伤口中侵入栽培茄子体内，引起发病。④及时摘除下部的老叶、病叶，减少病源。⑤合理施肥，补施镁肥，防止叶枯病发生。⑥调整植株，保持茎叶生长和结果平衡。

（六）穴盘育苗

穴盘育苗突出的优点表现在省工、省力、节能、节地、效率高，集中育苗、集中管理，利于实现专业化育苗；根坨不易散，缓苗快，成活率高；适合远距离运输和机械化移栽；有利于规范化科学管理，提高商品苗质量；可以进行优良品种的推广，减少假冒伪劣种子的泛滥危害。在 20 世纪 80 年代中期，这项现代化蔬菜育苗技术引进到中国。现在北京、河北、河南、山东、山西、大连、贵阳、宁夏等地已相继建成一大批蔬菜穴盘育苗场。实践证明，穴盘育苗是实现蔬菜生产工厂化、产业化的第一步，也是蔬菜发展的必由之路。

冬春季穴盘育苗主要为早春保护地生产供苗，夏季穴盘育苗是为秋大棚生产供苗。

1. 穴盘育苗资材　穴盘育苗的资材包括：①穴盘。目前国内选用的穴盘规格分别为 72 孔、128 孔和 288 孔。茄子育二叶一心苗选用 288 孔苗盘，育 4～5 叶苗选用 128 孔苗盘，育 5～6 叶苗选用 72 孔苗盘。②育苗基质。常用基质材料为草炭、蛭石、珍珠岩。草炭：蛭石＝2：1；或草炭：蛭石：珍珠岩＝2：1：1（体积比）。配制基质时，每立方米基质加入 0.75 千克尿素、0.75 千克磷酸二氢钾肥料，与基质混拌均匀。③育苗场地。目前，冬春季育苗多采用大棚，夏秋季育苗也可在塑料大棚。④育苗床架。育苗床架的设置一是为育苗者作业操作方便，二是可以提高育苗盘的温度，三是可防止幼苗的根扎入地下，有利于根坨的形成。冬天床架可稍高些，夏天可稍矮些。高度可根据需要而定，生产上多为 50～70 厘米。⑤肥水供给系统。喷水喷肥设备是工厂化育苗的必要设备之一。喷水喷肥设备的应用可以减少劳动强度，提高劳动效率，操作简便，有利于实现自动化管理。在没有条件的地方，也可以利用自来水管或水泵，接上软管和喷

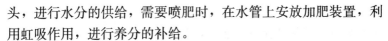

头，进行水分的供给，需要喷肥时，在水管上安放加肥装置，利用虹吸作用，进行养分的补给。

2. 穴盘育苗的准备工作　茄子穴盘育苗需要做的准备工作主要是：

（1）种子处理　培育优质穴盘苗，首先应选择质优、抗病、丰产的品种，并且要纯度高、洁净无杂质、子粒饱满、高活力、高发芽率的种子，为了促使种子萌发整齐一致，播种之前应进行种子处理。

①温水浸种法。将种子放入 50～60℃的温水中，顺时针搅拌种子 20～30 分钟至水温降至室温时停止搅拌，然后在水中浸泡一段时间，漂去瘪籽，用清水冲洗干净后滤去水分，将种子风干后备用或进行种子丸粒化。

②药剂处理。药剂处理种子的目的是杀灭附着在种子表面的病菌，种子先用清水浸泡 2～4 小时后再置入药剂中进行处理，药剂处理后应用清水将种子冲洗干净风干后备用或做其他处理，否则易产生药害。

③种子干热处理。将干燥的种子置于 70℃的干燥箱中处理 2～3 天，可将种子上附着的病毒进行钝化，使其失去活力，还可以增加种子内部的活力，促进种子萌发一致。

④种子活化处理。穴盘育苗采用精量播种，使用萌发速度快，萌发率高，整齐度好，高活力、洁净、无病种子是培育优质穴盘苗的基础。质量低劣的种子造成苗盘中出苗参差不齐，缺苗和大小苗现象严重，致使商品苗质量下降。因此，在播种之前应进行种子活化处理。茄子播种前用 40%福尔马林 300 倍液浸泡种子 15 分钟，可有效预防褐纹病的发生；用 500～1 000 微升/升赤霉素浸泡种子 24 小时，可明显提高种子的活性。

由于穴盘育苗大部分为干籽直播，所以无论何种方法处理的种子，都要进行风干，然后再播种。

（2）催芽　由于穴盘育苗大部分为干籽直播，在冬春季播种后为了促进种子尽快萌发出苗，应在 28～30℃ 的催芽室中进行催芽处理，正常情况下，催芽 5 天即可。

（3）装盘与播种　穴盘育苗分为机械播种和手工播种两种方式。机械播种又分为全自动机械播种和半自动机械播种。全自动机械播种的作业程序包括装盘、压穴、播种、覆盖和喷水。手工播种与半自动机械播种的区别在于播种时一种是手工点籽，另一种是机械播种，其他工作都是手工作业完成。手工作业程序如下：

①装盘。首先应该准备好基质，将配好的基质装在穴盘中，基质不能装得过满，装盘后各个格室应能清晰可见。

②压穴。将装好基质的穴盘垂直码放在一起，4～5 盘一摞，上面放一只空盘，两手平放在盘上均匀下压至要求深度。和常规育苗一样，播种深度一般在 0.5～1.0 厘米。

③播种与覆盖。将种子点在压好穴的盘中，每穴一粒。播种后覆盖蛭石，浇一透水。

（4）播种后管理　穴盘育苗播种后应加强综合管理，确保培育优质壮苗。

①水肥管理。水分是幼苗生长发育的重要条件。播种后，将育苗基质喷透水（穴盘排水孔有水珠溢出），使基质持水量达到 200% 以上。播种至出苗期，基质水分含量 85%～90%。出苗后至二叶一心期，要降低基质水分含量，基质水分含量 70%～75% 为宜，水分过多易徒长。三叶一心至成苗期，基质水分含量 65%～70% 为宜，此期随着幼苗不断长大，叶面积增大，蒸腾量也加大，这时秧苗缺水就会受到明显抑制，易老化；反之，如果水分过多，在温度高、光照弱的条件下，茄苗易徒长；夏天温度高，幼苗蒸发量大，基质较易干，在勤浇水的同时，防止水分过大。

浇水最好在晴天的上午，浇水要浇透，否则根不向下扎，根坨不易形成，起苗时易断根。成苗后起苗的前一天或起苗的当天浇一透水，使幼苗容易被拔出。

幼苗生长阶段，应注意适时补充养分，根据秧苗生长发育状况，喷施不同的营养液。肥料可选择尿素、磷酸二氢钾、硝酸钾等，浓度掌握在 0.2%～0.4%。

②温度控制。温度是培育壮苗的基础条件。播种后，室内温度可保持 25～27℃，预计 3～4 天出苗。当苗盘中 60%出苗，即可将苗盘摆放进育苗温室。日温 25℃，夜温 16～18℃为宜。当夜温偏低时，可采用地热线加温或其他临时加温措施（烟道加温或热风炉加温等），以免影响出苗速率和出现猝倒病。二叶一心后夜温可降至 13℃左右，但不要低于 10℃。白天酌情通风，降低空气相对湿度。

秧苗的生长需要一定的温差，白天和夜间应保持 8～10℃的温差。白天温度高，夜间可稍高些，阴雨天白天气温低，夜间也应低些，变温幅度以 2～3℃为宜。阴天白天苗床温度应比晴天低 5～7℃，阴天光照弱，光合效率低，夜间气温相应的也要降低，使呼吸作用减弱，以防徒长苗。

③光照调节。光照条件直接影响秧苗的素质，秧苗干物质的 90%～95%来自光合作用，而光合作用的强弱主要受光照条件的影响。冬春季日照时间短，自然光照弱，阴天时大棚内光照强度更弱。选用防尘无滴膜做覆盖材料，定期冲刷膜上灰尘，以保证秧苗对光照的需要。夏季育苗自然光照强度超过了茄苗光饱和点以上，要用遮阳网遮荫，达到降温防病的效果。

④补苗和分苗。采用穴盘育苗时，应在第一片真叶展开时，观察幼苗出苗情况，发现缺苗时抓紧将缺苗孔补齐。用 72 孔穴盘育苗，也可以先播在 288 孔苗盘内，当小苗长至一片真叶时，移至 72 孔苗盘内，这样可有效利用大棚面积，减少能耗。

⑤病虫害防治。茄子苗期主要病害是猝倒病和早疫病，虫害为蚜虫。对于猝倒病，应于播前进行基质消毒，控制浇水，浇水后放风，降低空气湿度；幼苗期夜温不得低于 10℃，发病初期

喷洒百菌清、多菌灵、代森锌 800 倍液等。对于早疫病，播前用福尔马林进行种子处理，发病初期喷施百菌清、代森锌、波尔多液、利得等。防治蚜虫可喷施功夫乳油、虫螨克、绿浪，还可用灭蚜乳油加上发烟剂进行熏烟，效果比直接喷药好。

（5）优质壮苗的标准 茄子穴盘育苗商品苗的标准视穴盘孔穴大小而异。选用 288 孔苗盘的，二叶一心苗，苗龄 50～60 天；128 孔苗盘育苗，株高 8～10 厘米，叶面积在 40～50 厘米^2，需 70～75 天苗龄；选用 72 孔苗盘的，株高 16～18 厘米，达 6～7 片真叶并现小花蕾时定植，需 75 天左右苗龄。

秧苗达上述标准时，根系将基质紧紧缠绕，当苗子从穴盘拔起时也不会出现散坨现象，取苗前浇一透水，易于拔出。

（七）无土育苗技术

茄子无土育苗所需设备和物资主要有催芽出苗室、绿化室、移苗棚、自动化控温装置及育苗附件。

1. 播种方法 目前国内外最常用的是岩棉块播种法。首先，要制作岩棉播种块，方法是将塑料薄膜按长 20 厘米、宽 6 厘米裁剪成条，两边缝成一个圆筒，装入 10～12 克岩棉，制成直径、高各 6 厘米的圆柱状岩棉播种育苗块。然后，将经过处理的已萌芽的种子胚根向下，用镊子轻轻夹起，放入浸透清水的岩棉播种块的小沟内，每块播 2 粒种子，再轻轻在育苗块外挤压，使种子与岩棉基质紧密接触。最后，将育苗块放入育苗床内，每 666.7 米^2 播种量 20 克左右，随后调整育苗块间距离，使茄子幼苗占有一定的空间，一次成苗。子叶展开前，苗床保持 1 厘米厚的水层。

2. 技术要点 茄子无土育苗需抓好以下几个环节：

（1）准备基质。备好基质是无土育苗关键环节之一。应选择通气性良好，保水性强，酸碱度适宜（pH 在 6.5～7.0 之间）的材料作基质，如细碎炉渣、草炭、炭化稻壳、炭化玉米秸秆等均可作为育苗基质，可单独使用，也可等量混合使用；也可用90％珍珠岩加10％培养土配成；或用六成炭化谷壳（淘洗1次）、三成黄砂、一成培养土配成。一般情况下，每平方米的育苗面积，按0.1立方米准备基质。

应特别注意培养土的消毒。

（2）建造苗畦。在育苗场所，按宽1.5米左右、长按地形和面积需要而定，挖6～12厘米深（用酿热物的挖12～14厘米深），整平，四周用土或砖块做成埂，畦土中掺入酿热物，然后在畦内铺上农膜（可用旧膜），按长约20厘米、宽约15厘米，打6～8毫米粗的孔，以便透气、渗水，再在上面铺上2～3厘米厚的基质，整平后即可播种。或者用木箱、木槽等作育苗器皿，下铺塑料薄膜防止漏水，里面放入2～3厘米厚的基质，待播种。

（3）确定播种时间。无土育苗的苗龄比常规育苗的苗龄短，约需70～80天，可根据定植期往前推到所需苗龄天数，以确定播种时间。

（4）配营养液。营养液要求营养成分全面，浓度适宜，pH以5.5～6.5为宜。具体配法是：在每1 000升水中，加入尿素400克、磷酸二氢钾450～500克、硼酸3克、硫酸锌0.22克、硫酸锰2克、硫酸钠3克和硫酸铜0.05克，充分溶化后即成。

（5）播种出苗。播种前，提前设置好体积为8～10米^{3}的密封小室，小室内设置多层育苗盘架，育苗盘架上放置育苗盘，于育苗盘内播种、催芽、出苗。一个8米^{3}的小室，一般放置40厘米×30厘米的育苗盘220个以上。出苗期间，室内温度用电热加温设备，自动控制在30℃左右。从播种到出苗大致经历4～6天的时间。

（6）幼苗绿化。待所播种子大部分刚出苗时，及时移育苗盘于绿化室内，使幼苗绿化。绿化温室面积一般为200～300米^3，在室中设绿化床（或绿化池），在床（池）上放育苗盘，其下以电热加温；或将育苗盘直接放在室内地上，其下进行电热加温，其上设置塑料小棚保温。

初期温床温度，白天为 25～30℃，夜间保持在 15℃以上；以后逐渐降低温度。

幼苗在绿化室中经日光照射后，子叶颜色逐渐变绿，直至幼苗的子叶充分展开并绿化约需 10 天。

（7）移前管护。在子叶展平后，开始供营养液，一般每周供两次，供液以保持基质湿润为宜。供应初期，营养液的施用浓度为标准营养液浓度的 1/3～1/2；随着幼苗的发育，可逐渐提高营养液的浓度，一般为标准液浓度的 2/3，后期可施入标准营养液。

（8）及时移苗。绿化期结束后即进行移苗。移苗于移苗棚中进行，其类型因条件而异。可以用温室、温床、塑料阳畦、塑料中、大棚进行。但以双层移苗棚较好，即：6～8 米宽的塑料棚中套若干个小拱棚阳畦。

第四章

茄子不同生产形式的
安全管理要点

第一节 露地茄子安全生产管理要点

一、露地春早熟安全生产

（一）品种选择

茄子露地春早熟栽培时，宜选择耐寒性强，早期产量高，抗病、优质的早熟茄子品种，并根据各地区消费习惯和市场销售状况选择适销对路的优良品种。

（二）适时育苗

该茬茄子多采用温室或温床育苗，栽植地区不同，其育苗时间也不同。茄苗定植时应达到的形态标准：具有 8～9 片真叶，叶大而厚，叶色较浓，子叶完好，苗高 20 厘米左右，平均节间长 2 厘米左右，茎基粗 0.5 厘米以上，显现大蕾，根白色，全株干重 0.2 克以上。东北地区一般 2 月上旬准备苗床土播种，5 月上旬、中旬定植；南方地区 4 月下旬，晚霜结束后，定植大田。

（三）定植

茄子的定植期应根据当地晚霜终止的早晚及育苗情况而定。一般掌握在当地春季断霜后，耕作层 10 厘米以内土壤温度稳定在 13～15℃以上时定植最为适宜。定植过早，易受冻害或冷害。为争取早熟，在不致受冻害的情况下应尽量早栽。采取地膜覆盖栽培时，无论垄栽或畦栽，均需精细整土，铺膜要绷紧，四周用土压平，以防风吹而发生撕裂。京津地区采取（地下式）改良地膜覆盖栽培方式，可将定植期提前 10 天左右（气温稳定在 12℃即可定植）。其做法是：开深 26 厘米、宽 40 厘米的上宽下窄的倒梯形沟，开好沟后施入基肥。定植时，把带土坨苗排放到挖好的穴内，用细土埋严，使茄苗与地面留有 1～2 厘米高的空间，边栽边顺沟沿与地面持平、扯紧盖膜，栽后顺沟浇水，当沟内温度升到 25℃时，扎孔放风；当叶片触及天膜时，划十字掏苗，放天膜为地膜，进入 6 月份后，撤掉地膜，向植株根部壅土，既可防倒伏，又利于排灌。

茄子根系再生能力弱，定植时应尽量带土移栽，最好采用容器育苗。要趁晴天定植，忌栽湿土，湿土移栽缓苗慢，难发新根，不易成活。茄子是一种高产蔬菜，单位面积产量是由每亩株数、单株果数和单果重三个因素构成的。合理密植是提高产量的重要措施，密植的程度依植株的生长状态和土壤肥力水平而定。在一般情况下，茄子的丰产指标是叶面积指数要达到 3～4，保持这个指数的时间愈长（要求维持 40～50 天以上），则愈有利于增产。密植能较早达到合适的叶面积指数，因此，早期产量较高。生产上，早熟品种每 666.7 米^2 需栽 3 000～4 000 株。

茄子的定植方法，北方因春季干旱，常用暗水稳苗定植，即先开一条定植沟，在沟内浇水，待水尚未渗下时，将幼苗按预定的株距轻轻放入沟内，当水渗下后及时进行壅土、覆平畦面。南方各地大多采用先开穴后定植，然后浇水的方法。茄子定植不宜过深，以与子叶节平齐为标准。

（四）肥水管理

1. 追肥　茄子的生长期长，枝叶繁茂，需肥料较多，而且很耐肥。追肥要根据各个不同生育阶段的特点进行，约可分为四个阶段。

①成活后至开花前。此阶段追肥以"促"为主，促使植株生长健壮，为开花结果打基础。一般在茄子定植后 4～5 天，秧苗缓苗成活后即可追施粪肥或化肥提苗。宜淡粪勤施，一般结合浅中耕进行。晴天土干时，可用 20％～30％浓度的人畜粪浇施茄苗；阴雨天可追施尿素，每 666.7 米² 10～15 千克，或用40％～50％浓度的人畜粪点苑。每隔 3～5 天追肥一次，一直施到茄子开花前。

②开花后至坐果前。此期以"控"为主，应适当控制肥水供应，以利开花坐果。如果植株长势良好，可以不施肥。反之，植株长势差，可在天晴土干时用 10％～20％浓度的人畜粪浇施一次。若肥水不加控制，会引起枝叶生长过旺，导致茄子落花落果。生产中必须引起足够重视。

③门茄坐果后至四母斗茄采收前。门茄坐稳果后，对肥水的需求量开始加大，应及时浇水追肥，肥随水浇，每 666.7 米² 追人粪尿 500～1 000 千克或磷酸二铵 15 千克。对茄和四母斗茄相继坐果膨大时，对肥水的需求达到高峰。对茄"瞪眼"后 3～5 天，要重施 1 次粪肥或化肥，每 666.7 米² 施人粪尿 4 000～6 000千克或尿素 15～20 千克，可随水浇施，视天气干湿情况，决定掺兑浓度。四母斗茄果实膨大时，还要重施一次粪肥或氮素化肥。从门茄"瞪眼"后，晴天每隔 2～3 天追施一次 30％～40％浓度的人畜粪，也可在下雨之前埋施尿素和钾肥，尿素和钾肥按 1∶1 的比例混和均匀，每 666.7 米² 埋施尿素和钾肥共 30～40 千克，整个结果期可埋施 2～3 次。

④四母斗茄采收后。此期天气已渐炎热，土壤易干，主要以供给水分为主，一般以 20％～30％浓度的淡粪水浇施，应做到每采收一次茄子追施一次粪水。结果后期可进行叶面施肥，以补充根部吸肥的不足，一般喷施 0.2％的尿素和 0.3％的磷酸二氢

钾溶液，喷施时间以晴天傍晚为宜。

2. 灌水 茄子枝叶繁茂，叶面积大，水分蒸发多，要求较高的土壤湿度。虽然茄子根系扎入土层较深，能够充分利用地下水，但是如果下层土壤很干燥，茄子的抗旱性就非常弱。当土壤中水分不足时，不仅植株生长缓慢，还常引起落花，而且长出的果实果皮粗糙、无光泽、品质差。茄子的土壤湿度以 80％为宜。茄子生长前期需水较少，当土壤较干需浇水时，一般结合追肥进行。为防止茄子落花，第一朵花开放时要控制水分，门茄"瞪眼"时表示已坐住果，要及时浇水，以促进果实生长。茄子结果期需水量增多，应根据果实的生长情况及时浇灌。在高温干旱季节，可进行沟灌，但必须掌握以下几条原则：

①灌水时期要适宜。每次灌水前掌握好天气情况，做到灌水后不下大雨，避免受涝，影响根系生长，诱发病害。

②灌水量宜逐次加大，第一次灌水至畦高的 1/2，第二次为 2/3，第三次可近畦面，但不能满畦面。

③灌水宜在气温、地温、水温较凉的时候进行，一般于晚上10 点以后灌水，天亮前排水。要急灌，急排，畦中土壤湿透后即可排出。

生产上利用稻草、麦秸或茅草等在高温干旱之前进行畦面覆盖，可起到减少土面水分蒸发、降低土壤温度、防止杂草滋生、减少肥料流失、减轻土壤板结等多种作用。覆盖厚度以 4～5 厘米为宜，太薄起不到应有的覆盖效果，太厚不利植株的通风，容易引起病害和烂果。长江流域，梅雨季节不宜覆盖，因雨水多，覆盖物难以保持干燥，下层茄果接触后易染病腐烂。

（五）土壤管理

长江中下游地区春季多雨，土壤易板结，应及时中耕松土。中耕一般结合除草进行，以不伤根系和锄松土壤为准，一般进行3～4 次。植株封行前进行一次大中耕，深挖 10～15 厘米，土培宜大，便于通气爽水。结合这次中耕，如底肥不足，可补施腐熟饼肥或复合肥埋入土中，并进行培土，防止植株倒伏。植株封行后，就不再中耕。

地膜覆盖的只要保证整地、做畦和铺膜质量，膜下土表的杂草基本上不再萌生，一般不需进行中耕、除草和培土。改良地膜覆盖进入6月份后要撤膜，浇肥水后培土，改栽植沟为小高垄。

（六）植株管理

茄子的分枝比较有规律，叶腋发生分枝能力差，一般不必整枝。但是，门茄以下各叶腋的潜伏芽，在一定条件下极易萌发成侧枝，为减少养分消耗，改善植株通风条件，应在门茄"瞪眼"以前分次抹除无用侧枝。一般早熟品种多用三杈整枝，除留主枝外，在主茎上第一花序下的第一和第二叶腋内抽生的两个较强大的侧枝都加以保留，连主枝共留三杈，除此外，基部的侧枝一律摘除。

控株分行以后，为了通风透光，减少落花和下部老叶对营养物质的无效消耗，促进果实着色，可将基部老叶分次摘除。如果植株生长旺盛，可适当多摘；天气干旱，茎叶生长不旺时要少摘，以免烈日晒伤果实。在植株生长中后期要把病、老、黄叶摘除，以利通风透光和减轻病虫危害。

（七）花果管理

茄子开花过程中有不同程度的落花现象。茄子落花的原因很多，除由花器本身的缺陷引起落花外，光照不足、营养不良、温度过高（38℃以上）或过低（15℃以下）、病虫危害等也会引起落花。尤其是早春长时间的低温阴雨，土壤含水量过高，空气相对湿度过大，妨碍花粉的发芽引起落花。就茄子而言，早期开花的数量不多，如果落花较重，早期产量则很难提高。防止茄子落花，除根据其发生的原因有针对性地加强田间管理，改善植株营养状况外，使用生长调节剂能有效地防止因温度引起的落花，目前常用的生长调节剂有2, 4 - D和防落素二种。

2, 4 - D（化学名称为2, 4 - 二氯苯氧乙酸）使用浓度为0.002%～0.003%，气温低时用浓度高限，气温高时用浓度低限。使用方法有浸花和涂花二种。浸花是将花在盛有2, 4 - D溶液的容器内浸沾一下后立即取出，要求花柄浸到为度。涂花是用毛笔蘸上药液，涂到花柄上，凡用2, 4 - D处理过的花朵均要做标记，避免重复处理而产生药害；而且只能浸花和涂花，不能喷花，防止对嫩叶和生长点产生药害。

防落素即番茄灵、坐果灵（PCPA，化学名称为对氯苯氧乙酸），使用浓度为0.004%～0.005%，可用小型喷雾器直接向花上喷洒，对茄子的枝叶无害。

使用生长调节剂的最佳时期是含苞待放的花蕾期或花朵刚开放时，对未充分长大的花蕾和已凋谢的花处理效果不大。

在茄子生产中常出现畸形果，常见的有石茄、双子茄、裂茄和无光泽果等。

石茄又称僵茄，果实细小，质地坚硬，不能食用。形成原因一是开花期遇到低温或高温，花粉的发芽、伸长不良，不能完全受精，造成单性结实；二是植株长势过旺，营养生长与生殖生长失衡，果实生长处于弱势；三是植株生长势弱时，如果用生长调节剂处理使单株坐果数过多，分配到每个果的同化物质少，所结果实也会成为石茄。此外，在干燥、肥料浓度高、水分不足的环境下生长的植株，同化养分减少，也会产生很多石茄。

双子茄是由于养分过多引起的，即除满足生长点发育所需要的养分外，营养过剩，使细胞分裂过于旺盛，形成双子房的畸形果。花期遇低温或生长调节剂使用浓度过大，都易形成双子茄。

裂茄有萼裂和果裂两种。萼裂多是因为生长调节剂使用浓度过高，或多次重复使用，或中午高温时使用所引起。此外，生长过旺的植株发生也多。果裂原因有两个，一是由于茶黄螨危害幼果，导致果实开裂；二是在果实膨大过程中，干旱后突然降雨或大量灌水，果皮生长速度不及胎座组织发育快而形成裂果。

无光泽果多发生在果实发育后期，干旱时植株向果实中输送的水分不足，果实表面的光泽消失，而且果实的膨大受到抑制，形成劣果。

此外、还有着色不良果。茄子的紫色色素在表皮下的细胞中积累，逐步表现为紫色，色素的形成、积累与光线有关。在不透紫外线的塑料薄膜温室中，或植株过于郁闭、光照弱的条件下容易形成着色不良果。

（八）果实采收

茄子以嫩果供食用。早熟栽培的早熟品种从开花至始收嫩果需 20～25 天，有的品种只需 16～18 天。一般于定植后 40～50天即可采收商品茄上市。适时采收关系到茄子的产量和品质，采收过早，果实发育不充分，会降低产量；采收过迟则种皮变硬老化，降低食用品质，影响商品性。判断茄子采收与否的标准是看"茄眼"的宽度，如果萼片与果实相连处的白色或淡绿色环带宽大，表示果实正在迅速生长，组织柔嫩，不宜采收；若此环带逐渐变得不明显，表明果实的生长转慢或果肉已停止生长，应及时采收。门茄宜稍提前采收，既可早上市，又可防止与上部果实争夺养分，促进植株的生长和后续果实的发育。在生产上及时采收、增加采收次数，是提高产量的一个重要措施，尤其是对长茄类型品种增产效果更为明显。

茄子采收的时间以早晨最好，果实显得新鲜柔嫩，除了能提高商品性外，还有利于贮藏运输。因为早晨茄子表面的温度比气温低，果实的呼吸作用小，营养物质的消耗也少，所以显得新鲜柔嫩。采收时最好用剪刀剪下茄子，并注意不要碰伤茄子，以利于贮藏运输。

二、春连秋地膜覆盖安全生产

茄子春连秋地膜覆盖高产栽培是露地茄子栽培的主要形式之一。它利用了地膜的增温、保温、保湿以及保持良好土壤结构等优点，将茄子的栽培期横跨春夏秋三个季节，收获期长，产量高，而且使春季采收期较普通露地栽培有所提前，秋季采收期略有延后，容易获得较高的销售价格，经济效益较高。

（一）品种要求

茄子春连秋地膜覆盖高产栽培所用品种应具备较强的适温能力、耐强光能力、结果能力及抗病能力等。

所选用品种能够耐高温，在夏季高温高湿条件下不发生落花落果，结果能力强，不发生或少发生病害（尤其要高抗绵疫病、褐纹病等），能够安全越夏，而且还要较耐低温，不早衰，以利于春季提早定植和秋季延迟栽培期。

生产上多选用中晚熟品种，如龙杂茄1号、吉茄1号、辽茄4号等。

（二）育苗要求

茄子春连秋地膜覆盖高产栽培多用小拱棚育苗，有条件的，也可用小拱棚与温室、大棚等设施结合进行。育苗时，一般应注意做到：

1. 播种前，严格进行种子消毒，以减少苗期病害。

2. 适期播种，培育适龄壮苗。以苗茎顶端刚现蕾或显小花蕾的茄苗为最佳。

3. 采取护根措施育苗，防止茄苗定植后萎蔫而延长缓苗期，以赶在夏季高温来临前发好棵。

4. 用养分全面、理化性状好的营养土育苗，以保证茄苗健壮生长，缩短育苗期。

5. 提前炼苗，增强茄苗耐寒、抗风能力。茄子春连秋地膜覆盖高产栽培所用茄苗多在保护地设施内育成，此时春露地温度低、风多、风大、空气干燥，如果不进行炼苗而直接起苗定植，常会因定植前后的环境差异过大而导致茄苗萎蔫甚至死苗。因此，定植前必须进行足够时间和强度的炼苗。

一般于定植前1周将苗床浇一遍水，而后控水，采取通风、减少覆盖直至不覆盖等措施进行炼苗。头三天，白天加大通风量，温度控制在20~25℃，夜间减少保温覆盖，温度控制在8~12℃；后三天，注意收看天气预报，在保证无霜冻的前提下，白天不覆盖，夜间温度在2℃以上时也不覆盖，茄苗经过几夜露水后，其抗逆性会得到加强。

炼苗后，若采取常规地膜覆盖方式，可在当地露地终霜结束、最低气温稳定在2℃以上时定植。若采取改良地膜覆盖栽培方式，定植时间可适当提前3~5天。

（三）栽植密度

茄子春连秋地膜覆盖高产栽培的时间长，植株大，应适当稀植。

常用的栽植密度为：行距70~80厘米，株距40~50厘米。中熟品种每666.7米^{2}栽2 000株左右，晚熟品种每666.7米^{2}栽1 500株左右。

（四）起垄栽植

起垄栽培有利于茄子根系的生长，特别是早春垄畦升温快，茄苗生根早，利于早发棵、早结果；采用起垄栽培能够明显改善田间的通风条件，降低地面湿度，减轻病害发生；起垄栽培利于夏季排水，防止因积水引发根系老化、变色、腐烂等；实行起垄栽培，茄子的大部分根系分布在垄内，便于垄沟施肥，操作方便，且肥料直接随水渗入根系集中分布区，利于吸收，肥效高，浪费少。

（五）地膜覆盖

1. 盖膜方式 茄苗栽植结束后，可选择常规地膜覆盖，也可进行改良地膜覆盖。

（1）常规地膜覆盖 就是在茄苗栽植结束后，整平垄面，逐垄将地膜覆盖在地面上，一般采取切口套苗法覆膜，落膜后，将地膜的两边压倒在垄背基部，而不是埋入沟底，以防日后影响浇水效果。

（2）改良地膜覆盖 改良地膜覆盖常用的有地下式和地上式两种。若采取地下式，可参照前述的京津地区的做法进行。

地上式改良地膜覆盖是在垄畦上先定植茄苗，然后用短枝条在苗上作支拱，拱高 30 厘米左右，将地膜覆盖在拱架上，两边仍贴地面平铺压好，当茄苗长高顶膜后，将地膜开口放苗出膜，同时撤掉支架，将地膜落回到地面，重新铺好压紧。

地上式改良地膜覆盖在撤膜前起到小拱棚的作用，因此可以较普通覆盖法提前 3～5 天定植。其不足之处是比较费工费时。

2. 地膜种类 目前茄子生产上应用的地膜主要有：①广谱地膜。又叫无色透明膜，是当前生产中应用最普遍的地膜，尤其是春季早熟栽培以及保护地栽培中应用最多，每 666.7 米^2 用量约需 5～7 千克。该类地膜多用高压膜乙烯树脂吹制而成，厚 0.014 ± 0.002 毫米，透光好、增温快、保墒性能强；缺点是容易长草，尤其畦面不平或地膜与畦面结合不紧密时更严重。②超薄地膜。多采用高压聚乙烯与线性或高密度聚乙烯共混吹制，也可用线性聚乙烯与高密度聚乙烯共混吹制。厚 0.008 ± 0.002 毫米，半透明、强度低、透光性差。③黑色地膜。该类地膜是在聚乙烯树脂中加入一定比例的炭黑制成，厚 $0.015～0.025$ 毫米，不透光，可防除杂草，地温比透明膜低，而保墒性能则比透明膜好，适合夏季高温栽培，每 666.7 米² 用量约为 7～10 千克。黑色膜本身能吸收大量的热，而又很少向土壤中传递，表面温度可达 50～60℃，因而耐久性差，融化、破碎现象严重。为此，除增加薄膜厚度外，正在改用线性聚乙烯作原料，并加入适量的安定剂。④双色薄膜。膜中间透明，两侧黑色，于透明处栽苗，能透光，可提高地温，促进茄子植株生长；两侧黑色处不透光，增温效果差，但离根较远，基本不影响早熟，且有除草保墒作用。进入高温强光季节后，黑膜下温度低，可引导根系向行间生长。还有一种黑白双重膜，表面乳白色，背面黑色。覆盖时乳白色一面向上，可反光降温；黑色向下，可防止热传导，并抑制杂草，适合高温季节和杂草多的田块使用。⑤银灰色地膜。该类地膜是在聚乙烯树脂中加入一定量的铝粉或在普通聚乙烯地膜的两面黏接一层薄薄的铝粉后制成。银色膜能反光，对紫外线反射作用强，可驱除有翅蚜（故又叫驱蚜膜）、黄条跳甲、黄守瓜等，减轻虫病和病毒危害，并作为日光温室内镜面反光幕，提高室内光照强度。银色膜不透光、地温低，促成栽培时不宜用，多用于以防草、防虫、防病毒为主要目的的覆盖栽培，露地越夏栽培应用较多。⑥绿色地膜。这类地膜是在聚乙烯树脂中加入绿色原料制成，厚 0.015～0.02 毫米，每 666.7 米² 用量 7.4～9.1 千克，覆盖后能阻止蓝、红光（对光合作用有促进作用）的通过，使不利于光合作用的绿色光线增加，降低膜下植物的光合作用，抑制杂草生长。绿膜增温效果差，加之绿色颜料昂贵，尚未进入生产应用阶段，仅在经济价值较高的作物上试用。⑦除草地膜。将除草剂混入聚乙烯原料中吹塑成型，或将除草剂涂附在地膜一面，覆盖时将有除草剂的一面贴地。由于二者不亲和，除草剂从聚乙烯分子间析出，与膜下水滴一起渗入土壤表层，形成除草剂层，草刚一出土，即被杀死，多用于春季早熟栽培。除草地膜具有增温、保墒、杀草三种作用。但不同作物和土壤对除草剂有严格的选择性，用除草膜时要注意选择；覆盖除草地膜对地面的平整度也有较高的要求，地面不平时，会由于地膜表面的水滴沿着膜面流动，造成除草剂分布不均，容易产生药害。⑧可控降解地膜。又叫崩坏膜，有光解膜和生物降解膜两种。用其覆盖一定时间后能自动分解成小片，不会阻碍下茬作物根系生长和土壤水分的运动。日本已研制成几种崩坏膜用于生产。它是用石灰石微小粉末与乙烯聚酯为主料制成，经紫外线照射后逐渐变脆，在雨水等外力打击下即可破碎。我国自行研制的可控降解地膜已达国际先进水平，正进入生产性示范推广阶段。⑨水枕膜。这是为了充分利用太阳能而使用的一种贮热薄膜。即在半径为 30 厘米的聚乙烯圆筒形膜袋内装入水，铺在棚室行间地面上。白天吸热，晚上散热，可以稳定和提高棚室的温度。有黑白两种颜色，常用的为黑色，很有发展前途。⑩无滴地膜。该种地膜是在聚乙烯树脂中加入无滴剂后吹塑而成。其透光性较好，覆盖后土壤增温快，适合低温期及保护地覆盖栽培，较受菜农欢迎。

三、露地越夏连秋安全生产

露地越夏连秋茄子一般指露地播种育苗，早秋淡季直至深秋收获的一大茬茄子，其间有中秋、国庆两大节日，经济效果较高。该茬茄子应选择抗病、耐热、生长势强的中晚熟品种。南方可选用油罐茄、红线茄、星光伏秋茄、伏龙茄、晚茄 1 号等，北方选用九叶茄、黑又亮、安阳紫圆茄等。

（一）常见的栽培方式

露地越夏连秋茄子多采用主、副行栽培方式。主行株距为 40 厘米，副行株距为 30 厘米，每 666.7 米² 保苗约 3 000 株。主行茄子正常管理，副行茄子留三个果后留 2 片叶打顶，以后留新枝结果。在副行发新枝时期正是主行四门斗、八面风茄子生长时期，由于光照充足，通风良好，果实发育快。主行采收八面风茄子的时候，副行新枝茄子开始膨大。这样有利于越夏和提高产量。

（二）整地作畦要求

茄子不耐涝，而该茬茄子定植后很快进入高温雨季，因此要特别注意夏季肥水管理。首先，要应选择地势较高的沙壤土栽培，若在通透性差的黏壤土栽植，应该挖好排灌沟，防止积水雨涝。其次，深耕重施基肥，每 666.7 米^2 施腐熟有机肥 5 000 千克、磷酸二铵 40 千克、硫酸钾 30 千克，均匀撒施，深翻平整；若肥源充足，每 666.7 米^2 可撒施 10 000 千克以上的有机肥，并均匀撒施过磷酸钙 50 千克；若土壤有机质充足，也可以全部采用化学肥料，每 666.7 米^2 施大颗粒尿素 100 千克、过磷酸钙 50 千克、硫酸钾 50 千克。三是，采用小高厢栽培，厢高 20～45 厘米，厢面宽 100～120 厘米，厢沟宽 20～30 厘米。

（三）田间管理

该茬茄子定植期一般在麦收后的 6 月上旬至 7 月上旬，但要尽量早栽，以利于盛夏之前有一段扎根发棵时期。

定植 1～2 天内中午要注意遮阳，缓苗期白天 30℃，夜间18～20℃。缓苗后白天 28～30℃，夜间 15～18℃。该茬茄子生长期长，前期可不整枝，任其生长分枝结果，待门茄采收后，将下部老叶摘除，待对茄形成后，剪去上部两个向外的侧枝，形成双干枝，以此类推。当四门斗茄坐住后摘心。一般每株留 5～7 个茄子。

茄子喜水，要注意经常保持土壤水分的充足。当缺水时可以进行浇灌和沟灌。浇灌时，将碳酸氢铵、磷酸二铵、硫酸钾等肥料溶解在水中，浓度分别为 0.3％、0.15％和 0.2％左右。沟灌时用大水灌满一沟后，再将以上肥料均匀的撒在沟中融化，每666.7 米^2 用量分别为 15～30 千克、10 千克和 10 千克。如果不缺水，则可以在每四株茄子中间挖一个窝，在窝中放入充分腐熟的农家肥。注意，追肥后都应该加大通风，防止肥害和病害的发生。第一次追肥后，每隔15天追1次，每次每666.7米^{2}追尿素10～15千克、磷酸二铵10千克、硫酸钾5千克，及时浇水，促进植株和果实生长发育，防止早衰，延长采收期，增加后期产量和经济效益。

开花期可用防落素20～30毫克/千克涂抹花柄和花萼，处理过的花冠要在果实长大后轻轻摘掉，提高坐果率。

进入夏季后，既不能缺水少肥，也不能积水沤根，保持土壤的良好通透性，防止茄子根系老化，使其保持旺盛的吸收能力，保证为植株茎、叶、花、果的正常生长发育提供足够的养分和水分。

夏秋季节，应该抓紧中耕除草。除草可每666.7米^{2}用48%氟乐灵100～150克，在定植后喷洒地面，既能取得良好灭草效果，又可减少用工。

（四）病虫害防治

夏季高温多湿季节，各种病虫害都易发生，要积极做好防治工作，发现病虫害采用多种农药交替使用，7～10天喷1次药。

苗期到成株期高温高湿、排水不良及通风不畅易发生褐纹病，引起死苗、枯枝和果腐。

高温高湿条件下，果实易发生绵疫病，严重时病果落在潮湿地面，全果腐烂，遍生白霉。

地势低洼、排水不良易发生黄萎病，多在门茄坐果后开始表现症状，病害由下而上或从一边向全株发展。

常见害虫有红蜘蛛、茶黄螨等。

四、露地晚茄子安全生产

（一）品种选择

露地晚茄子要选耐热、抗病、生长势强的中晚熟品种。

（二）地块选择

选择 4～5 年内未种过茄科蔬菜、容易排灌的地块，每 666.7 米² 施优质农家肥 5 000 千克以上、磷酸二铵 40 千克。然后做成 60 厘米宽的垄，按株距 40 厘米栽苗，宜深栽高培土，以降低地温，扩大根系吸收范围。

（三）生产周期

一般在 4 月上旬至 4 月下旬露地平畦育苗，苗龄 60 天左右，6 月中旬至下旬定植，8 月开始上市，一直延续到 10 月下旬或 11 月上旬。

（四）田间管理

缓苗后要及时中耕、蹲苗。雨后立即排水，防止沤根。门茄坐果后要及时追肥、浇水，每 666.7 平方米施尿素 20 千克，以后每层果坐住后都要追一次肥，每次每 666.7 平方米追施氮磷钾复合肥 20～25 千克。为防止高温多湿引起病害，在垄沟里铺放草把，既可降低地温，又能降低湿度，防止土壤板结，减少病害的发生。

第二节　小拱棚茄子春早熟安全生产管理要点

一、培育壮苗

选择与露地栽培相同的茄子品种。播种时间比露地早春茄子提早半个月，一般于 1 月中旬进行温室育苗，4 月上中旬定植。由于茄子定植较温室、大棚晚，在北纬 40°以南，可采用温床育苗。北纬 41°以北的地区，可先采用温室育苗，后期移植到普通

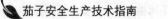

苗床管理。

由于该茬茄子的主要育苗时间在严寒的冬季，茄苗根系的吸收能力较弱，茄苗生长缓慢，因此提倡用营养土育苗，并采取护根措施。在育苗土中适当加大有机肥和化肥的用量，将猪粪、羊粪、牛粪等有机肥与田土的混合比例提高到 $4：6$ 或 $5：5$，复合肥的用量增加到 1.2 千克/米^3。采用塑料钵或纸钵育苗，防止起苗定植时伤根，影响缓苗。

在定植前半个月要炼苗，白天外温达到 15℃以上时，应把薄膜揭开通大风。夜间控制在 10℃左右，临近定植时要降到 8℃左右。

二、定植

小拱棚茄子栽培与其他形式栽培一样，需要提前整地施肥。但由于小拱棚内空间限制，整地施肥等农事操作无法在扣棚后进行，所以整地施肥必须在扣棚前完成；为保证及时定植，一般在终霜前 15～20 天提前扣棚升温，此时地温尚低，无法进行施肥。因此，应于冬前施足底肥和整地作畦。定植前，若棚内畦面土壤干旱，应将畦内灌满水，使水渗透定植区内的畦土。

提前进行扣棚升温的，当拱棚内的最低气温稳定在 5℃以上，地温稳定在 10℃以上时定植。

选择晴暖天的上午定植，定植密度适当加大，行距 60 厘米、株距 33 厘米，每 666.7 米^2 栽 3 300 株左右。

适当深栽苗，但不宜埋没叶片。

随揭开棚膜随定植，定植完一畦后，随即将棚膜重新覆盖好。

三、覆盖地膜

春早熟小拱棚茄子栽培应覆盖透光性好、白天增温快、夜间保温性能优良的 PE 多功能复合膜，条件允许时可覆盖紫色的 PVC 多功能长寿膜。

小拱棚覆盖棚膜时，多采用扣盖法和盒盖法。

扣盖法是用一幅宽膜将整个拱架全部覆盖严实，密封性好，有利于保温，防风效果也较好。其缺点是，不利于通风管理，当棚内温度偏高时，只能放地风。

盒盖法是用两幅薄膜扣盖拱架，扣膜后在棚的顶部或一侧留有一道叠缝，将来棚内温度升高后可扒开叠缝放风，便于温度管理。顶合法适用于冬春季风小的地区，侧合法适用于春季风大的地区。盒盖法的缺点是，棚膜的密封性不强，防风效果也略差一些。

四、温度管理

定植后 7～10 天内盖好薄膜，加强保温，促进缓苗。缓苗后，白天要保持在 22～26℃，夜间 12℃左右。白天揭开薄膜的两端放风，随着气温的升高，先顶部通风，再左右两边通风，开始在逆风一面通风，气温进一步升高从迎风侧通风，以后放对流风，后期白天全部揭开通风，夜间覆盖。之后培土起垄，将棚膜落下，破膜掏苗，地膜由"盖天"变为"盖地"，以后成为地面覆盖栽培，其他管理与露地早春茄子相同。

我国北方地区，春季冷空气活动频繁，遭遇低温天气时有发生。春季低温年份或遭遇冷空气时，若不及时采取保温措施，往往会造成不可逆转的损失。由于小拱棚无法使用加温设施，棚温偏低时，只能采取保温措施。①加盖草苫。夜间在小拱棚上加盖一层草苫，可提高棚温 4℃以上。②加盖纸被。用多层牛皮纸制作的纸被覆盖在小拱棚上，可提高棚温 2℃以上。③加盖薄膜。若无现成的覆盖材料，也可将使用过的旧薄膜加盖在小拱棚上，起到双层薄膜的作用，也可提高棚温 2℃以上。④设立风障。春季风大地区，可在小拱棚的北面、西北面设立风障，也能够显著提高棚内温度。

五、植株管理

小拱棚茄子春季早熟栽培可以密植栽培。密植栽培可提前上市，提高早期产量，经济效益可大幅度提高。栽植密度不同，采取的整枝方式也不同。一般密度下，即行距 50 厘米、株距 33～43 厘米，平均每 666.7 米^2 栽植约 3 000～4 000 株，可不进行整枝；若是密植，如行距为 50 厘米、株距为 22～27 厘米，每 666.7 米^2 栽植 5 000～6 000 株，就必须及早整枝，可于四母斗后摘心抹杈，即见四母斗花蕾后留 2 叶片摘心，同时将门茄以下所出现的侧枝全部抹光。

六、肥水管理

定植 1 周后，打开小拱棚一端，浇 1 次缓苗水；在培土封垄后，结合浇水每 666.7 米^2 沟施复合肥 15～20 千克、尿素 10 千克。以后适当控水蹲苗，通过蹲苗，控制植株长势，促进坐果。果实进入迅速生长以后，需要大量肥水，所以结果期内要多次追肥和灌水，至少追肥 2～3 次，浇水多与施肥结合进行。进入采收期后，每 5～7 天浇 1 次水，并每 666.7 米^2 随水冲施尿素 10千克。

七、花果管理

小拱棚茄子春早熟栽培的前期易落花，主要原因一是棚内温度偏低，影响开花授粉；二是棚内湿度过大，花粉破裂早，容易丧失发芽能力；三是前期低温影响了花芽分化，花芽质量低，畸形花比例高，坐果率低。

防范措施主要是：①花期适当增加棚内通风量，降低空气湿度。②开花结果期增加保温措施，保持较高温度。③当花半开时，用20～30毫克/升的2，4-D涂抹花柄，或用30～40毫克/升的防落素喷花。

八、病害控制

小拱棚茄子春早熟栽培时，由于棚内通风量小，植株密度大，空气湿度高，利于病菌侵染和发病；前期棚内温度较低，植株长势弱，抗病性不强，容易受病菌侵染；栽培后期，植株长势下降快，抗病性也随之下降。

生产上，为减少春季小拱棚茄子病害，一要注意合理密植，不可使密度过大，影响通风；二要畦面覆盖地膜，减少地面水分蒸发，降低空气湿度；三要加强通风，保持棚内干燥；四要及时喷药防病治病；五要加强后期管理，防止植株早衰。

第三节 塑料中拱棚茄子安全
生产管理要点

一、早熟安全生产

塑料中拱棚为小棚和大棚的中间类型，一般宽4～6米，中高1.5～1.8米，长度30～40米。骨架材料与塑料小棚基本相同，棚外无覆盖物。主要类型有两种，一种是拱圆棚，竹木或钢架结构，形如小拱棚，惟其空间及面积较大，故名中拱棚；二是半拱圆中拱棚，北面筑高1米以上土墙头或砖墙，沿墙头向南插竹竿，即一头插入墙头，一头插入地中，形成半圆形拱杆，间距30～50厘米，纵向加3～5根竹竿做拉杆，以固定棚架。塑料中棚性能比小棚好,较大棚差,可用于茄子的春提前、秋延后栽培。

(一) 育苗

采用塑料中棚进行茄子栽培早熟时,多选用早熟、抗病、高产品种。

塑料中拱棚栽培茄子一般于 10 月下旬到 11 月中旬育苗。选取地势高燥、土壤肥沃的地块,做 1 个后墙高 1.2 米、厚 0.8 米的简易日光温室,覆盖物为聚乙烯无滴膜和麦秸,不用加温。播种前 5 天扣上棚膜,提高地温。

取未种过茄科类蔬菜的园土 6 份,充分腐熟的土杂肥 4 份,每立方米混合土中再加入磷酸二铵 2 千克、草木灰 5 千克、50% 多菌灵粉剂 80 克,充分混匀,过筛,铺入苗床,厚度为 10 厘米。种植 666.7 米² 的中棚需苗床 20 米²。播种前,先进行种子消毒、催芽。播种前 3 天,苗床浇 1 次透水。把催好芽的种子均匀地撒入苗床内,盖 1 厘米厚的细潮土,最后覆盖地膜。

出苗期间,白天棚温保持在 30～32℃,夜间 22～25℃,出苗后撤去地膜,白天温度保持在 25～28℃,夜间 13～15℃。控制浇水,只在干旱时浇小水。及时间苗,苗距 8～10 厘米。2 片真叶时可进行分苗。壮苗的标准是,苗龄 90 天左右,有 6～8 片真叶,已现蕾,苗高 25 厘米,茎秆粗壮。

(二) 建棚

定植前 1 个月整地施肥,每 666.7 米² 施土杂肥 4 000 千克、磷酸二铵 30 千克、硫酸钾复合肥 50 千克。翻地后整平耙细,每 1.1 米做 1 个小高畦,畦高 15 厘米,宽 80 厘米,畦沟宽 30 厘米。整地后,根据地块的大小和方位,按 1.5～2.5 米的间距埋设立柱,拉好铁丝,绑好竹篾,把棚建好待用。定植前 10 天,扣好棚膜,棚膜用紫光膜。将麦秸放在棚的两侧,定植后覆盖,厚度为 15 厘米。

（三）定植

一般于 2 月中下旬，选择"冷尾暖头"的天气定植，即栽后至少要有 2～3 天的晴天。在高畦两侧开定植穴，小行距为 50 厘米，穴距 45 厘米。每 666.7 米² 定植 3 000 株左右。浇水后把苗坨放入穴中，水渗下后，把穴封好，盖上 80 厘米宽的地膜，注意要把膜的开口处用土封好。定植后切不可大水漫灌。

（四）定植后管理

定植后 7 天内升温缓苗，不放风，白天及时撤去麦秸，傍晚再及时盖上。白天温度保持在 28～30℃，夜间 15℃以上。缓苗后白天温度保持在 30℃左右，夜间 13℃。

采用双干整枝法整枝，即只保留对茄的两侧枝，将其余的侧枝全部打掉，老叶和黄叶也应及时去掉。

门茄坐住以前，以蹲苗为主，一般不浇水施肥。当门茄鸡蛋大小时，结合浇水。每 666.7 米² 冲施尿素 15 千克。以后第 7～8 天浇次水，15 天追 1 次肥。

茄子开花的当天上午 8～10 时，用浓度为 20～30 毫克/千克的 2，4 - D 溶液加入适量的 50%速克灵涂抹花柄，或用坐果灵等喷花，不能重复进行。定植后 50 天左右，及时采收上市。

二、秋延后安全生产

利用塑料中棚秋延后栽培茄子，一般选择中晚熟、中后期产量较高的品种，如天津大莛茄、北京九叶茄等。

（一）育苗

为确保秋延茄子在 10 月中下旬进入结果盛期，播期应确定在 6 月 20 日～30 日。育苗畦选择地势高易排水的地块，施足基肥，播种后用柴草或树枝遮荫，保持畦面湿润以利出苗。出苗后及时去掉覆盖物，两叶一心时去掉弱苗、小苗、病苗、畸形苗，进行分苗，分苗株行距 10 厘米见方，分苗后看苗浇水，防徒长，幼苗第一花蕾出现时，即可定植。

（二）定植

秋延茄子前期处于高温多雨季节，要多施有机肥，每 666.7 米^2 施 6 000～8 000 千克，培成高垄定植，垄高 10～15 厘米，这样便于排除雨水，降低土壤湿度，减少沤根和病虫害发生。小高垄栽培垄距为 80 厘米，株距为 60 厘米，每 666.7 米^2 定植 1 300～1 400 株。

（三）定植后管理

秋延茄子植株生长快，枝叶繁茂，在施足基肥的基础上要适时追肥，前期高温多雨要以深锄为主，结果期每 10 天追 1 次肥，每次每 666.7 米^2 施尿素 10 千克。秋延茄子门茄下各节出现的侧枝，消耗大量的养分，应该在门茄"瞪眼"之前抹除。中后期要把老叶、黄叶、病叶去掉，以利通风透光和减轻病虫危害。

秋延茄子生长期间，空气相对湿度大，且气温又高，常造成落花落果，用 15 微升/升的坐果灵＋20 微升/升的赤霉素混和液喷花，减少落花落果，促使幼茄膨大。

秋延茄子的主要病害是疫病和黄萎病，疫病用 58％雷多米尔-锰锌 500 倍液喷雾防治；黄萎病用 50％DT 1 000 倍液灌根。虫害主要有红蜘蛛和茶黄螨，可用 15％达螨酮 7 000 倍液喷雾防治。

（四）扣棚

茄子属喜温蔬菜，秋后低温常形成石茄和扣棚后裂果，降低品质和产量。因此，要在9月中旬搭好中棚骨架，9月下旬盖塑料薄膜，四周不要压严，白天进行大放风，逐渐减少放风量，使茄子生长能适应棚内条件。扣棚前要去掉下部老、黄、病叶和上部无果枝条，改善通风透光条件。当白天最高气温低于30℃时，把膜四周压严，不再放风，并注意用百菌清烟剂防治病害，10月中下旬根据天气情况及时上草苫保温防寒。上棚后茄子果实生长缓慢，一般不再追肥浇水，要注意及时采摘成熟果实上市，至12月上旬结束。

第四节　塑料大棚茄子安全生产管理要点

一、春提早安全生产

塑料大棚春季栽培茄子一般比露地提早定植30～35天，定植后40～45天开始采收，采收期70～80天，主要供应5～6月份，于炎夏结束。所以在品种选择上，宜选用生长快、结果早、适宜密植、较耐低温、耐弱光的早中熟和产量高的品种，并根据当地茄子的消费习惯，选择果形、颜色适宜的品种。目前认为与塑料小棚所用的品种基本一样，可参照选用。

（一）育苗

由于塑料大棚的适宜定植期可比露地提早30～35天，再加上适宜的日历苗龄80～100天，故塑料大棚茄子的适宜播种期应在当地晚霜前的110～130天。在确定育苗开始日期时，还要根据所用育苗设施条件来通盘考虑。冷床育苗要达到定植的适宜生理苗龄需要时间长，在温室多层覆盖或人工补温的情况下则时间短，若再加用地热线则时间更短。这一点事先都该有个大概的估计。

温度条件较好的地区一般在3月中旬至4月上旬定植；寒冷

地区一般在 4 月中、下旬定植。温室育苗，一般需要育苗期 80 天左右；电热温床，育苗期约为 60 天左右；如采用嫁接育苗，育苗期还要延长（如用托鲁巴姆作砧木需 110～130 天，CRP 作砧木需 100～120 天）。

（二）整地施肥

定植前要整地施肥。按要求施入基肥，耕翻，反复耙耢后，按 60～40 厘米大小行种植的格局起垄或做小高畦。畦高 10～15 厘米，畦面宽 60 厘米。在畦面喷洒免深耕土壤调理剂，随后在畦面覆盖幅宽 90～95 厘米的地膜。

凡是年后新扣的棚，需要在定植前 15～30 天扣棚并整地，以便有充分的时间烤地。接续上茬生产的大棚，也宜在上茬作物收获后抢时整地施肥，扣盖地膜或小棚。

（三）定植

茄子的定植期应根据当地气候变化情况来确定。当棚内气温在 15℃左右，最低温度 5℃以上，10 厘米土温稳定在 12℃以上，为适宜定植期。如果大棚外四周围上草苦子，棚内覆地膜、扣小拱棚、挂天幕的，上述要求的温度指标可降低 2℃左右，可早定植 15 天左右。

实际生产中，茄苗定植时应注意：①茄苗起坨前用 5 毫克/千克萘乙酸灌根，或起坨后用相同浓度的萘乙酸喷沾坨，可提高成活率。②最好选冷尾暖头的晴天上午定植。③定植时要加大密度。垄作时，株距 40 厘米左右（早熟品种株距 30 厘米）。高畦栽培时，每畦定植双行，畦上两行间距 45 厘米左右，株距 35 厘米，对通风、透光有利。垄作和畦作都可采取先密后稀的栽植方式，把定植株距缩到 25～30 厘米，待对茄采收完毕，每行隔 2 株贴地皮剪掉 1 株，能明显增加早期产量和总产值。④要保护好茄苗根部，不要损伤根部。⑤采用暗水法定植比较好，地温下降不明显，地温高，利于茄苗发根。栽苗时浇温水，水量适中，也有利于缓苗。⑥要及时浇定植水，防止茄苗萎蔫。⑦浇定植水时，不要将泥水弄到叶面上。

（四）定植后管理

定植初期保温防寒、促进缓苗是此阶段的管理重点。定植后要将棚封严，密闭不透风。此时棚内白天温度可达 35℃，有利于提高地温，补充夜温，争取夜间地温达 12℃以上，促进新根发生，加快成活。若超过 35℃，可短时间通风（扒缝放风），防止出现高温危害。遇寒流时，可扣小棚或棚外四周围草苫防寒。定植后 5～7 天见地上部秧苗心叶开始伸出，地下部发出白根，表示秧苗已缓苗了。这时未覆地膜的一般都要浇一次缓苗水，结合浇水每 666.7 米^{2}追施磷酸二铵 15 千克，以促进生长。覆地膜的如果定植时底水充足，可不浇缓苗水。缓苗后在温度管理上，白天达到 30℃进行放风，25℃时闭风，前半夜 16～17℃，后半夜 13～11℃，平均地温 20℃。浇过缓苗水后，如果操作方便，应及时进行中耕，疏松土壤，提高地温，直至门茄开花，不覆地膜的垄或平畦培一次土，培土高 3～5 厘米。

（五）花果期管理

茄子坐果前要进行蹲苗，一般不浇水。从第 1 朵花显蕾到果实坐住（即门茄"瞪眼"）为开花坐果期。这段时间较短，是从营养生长向果实生长的过渡时期，栽培上主要是防止落花，保证门茄坐住果。主要措施有：①激素蘸花和喷株。用 2,4 - D 或番茄灵蘸花，保花保果。喷用 4 000～5 000 毫克/千克的矮壮素或助壮素，防苗徒长。喷用 100～200 毫克/千克的蔬菜灵，或光合促进剂Ⅲ号，每 666.7 米^2 每次用 20～25 毫升，同时加 2 500 倍的光呼吸抑制剂（亚硫酸氢钠），每 10 天左右喷 1 次，以促进养分制造和积累，及早搭起丰产架子。②控温、控湿。缓苗后棚温宜适当地降下来，白天 25～30℃，不超过 35℃，夜温 18～10℃。高温、高湿易引起植株徒长，也影响授粉受精，故必须强调适度通风，棚内空气相对湿度控制在 70％～80％。③适时追肥、浇水。门茄谢花前不浇水，避免落花。门茄瞪眼时开始追肥、浇水，每 666.7 米² 追施氮、磷、钾复合肥 25～30 千克（穴施），灌水量以能润湿垄帮和畦帮为宜，不能大水漫灌，防止土温明显降低。

（六）结果采收期管理

塑料大棚春季栽培茄子的结果采收期较长，在栽培上要根据茄株的生育特点及外界环境的变化，加强综合管理，使茄子获得较高的产量。

门茄"瞪眼"后，温度管理上，以调节气温为准，晴天白天控制在 25～30℃，棚内气温达 25℃时就开始放风，使气温有 4～5 小时保持在 25～28℃，防止出现 35℃以上高温。当外界最低气温达 13℃以上时昼夜通风。阴天棚温应低些。光照管理上，一是要经常擦棚膜，及时除尘除水滴，增加棚内透光率；二是植株调整，缓苗后，随着植株生长，门茄以下失去功能的老叶要及时掐去，除留 1 个侧枝外，其余侧芽要及时剪除。对茄开花时，以下萌芽也要及时除去，防止发生二次侧枝。植株拥挤密不通风时，可采用间株的办法改善田间的通透条件。

门茄要适当早采收，有利于对茄的生长发育。开始采收后，选晴天上午追肥、灌水，每 666.7 米² 追施（穴施）磷酸二铵 20～25 千克，随后沟灌水，水量不能过大。如果土温达 15℃以上，水量可稍大些，但也不能漫灌，以防加重病害。这一阶段仍坚持用激素处理花朵，促进果实加快生长。

门茄采收后便进入旺盛结果期，温度管理的重点是防高温，加大昼夜通风量，尽量使白天最高气温不超过 30℃。夜间气温为 15～20℃。进入夏季高温期，当外界最低气温达到 17℃左右时，可以撤掉棚膜。肥水管理上，大体每7～8天灌1次水，间隔1次清水，施1次高氮、高钾冲施肥。若采用先密后稀的栽培方式，在对茄采收后，每行每隔两株贴地皮剪去1株，但不要拔秧，以防止伤害留下茄秧的根系。四门斗茄子开花时没有低温影响，不用激素处理一般也能坐果，若用激素处理能加快果实生长，也有防止后期高温落花的作用，但激素浓度要小一些，避免高温下产生药害。

大棚内温度高，湿度大，通风差，茄子的病虫害发生严重。前期重点是防病，后期着重治虫。

二、再生连秋安全生产

再生栽培是在前茬的基础上，经过修剪，发生新枝，形成第二次产量。其栽培要点如下：

（一）老株再生

一般7月中下旬老株上的四门斗茄子采收完后，选健壮的茄株，在对茄以下2个1级分枝的上部，用修枝剪把1级分枝剪断，留下"Y"形老干，拔净杂草，连同剪下来的枝叶和落叶一起清除出大棚深埋或烧毁，防止传播病虫害。"Y"形留干比主干基部剪截发枝稍快，而且发枝多，第1层果坐得多，适合大棚延后栽培。

（二）再生植株的田间管理

老株剪截后，要及时追肥灌水，加强棚室内温度、光照的管理，促进新枝的生长发育。追肥要深施，在根的附近挖孔穴施，然后浇足水，每666.7米^{2}需施尿素15千克以上。以后每10天浇1次水。新枝萌发后，老干的2个1级分枝上各留2个新枝，其余的新枝除掉。在第一个茄子坐果后再追施尿素10千克，另加 10 千克钾肥。当外界最低气温降至 13℃时，及时扣上棚膜，气温再降低时白天通风，夜间闭风，保温促果生长。秋季严霜来临前，棚内最低气温稳定在 5℃左右时，应采收结束，并及时上市。

三、秋茬茄子安全生产

（一）选择品种

秋茬茄子是在夏季高温季节育苗，而结果期天气寒冷，因此，应选择耐高温又耐低温、抗病能力强、耐贮藏的中晚熟品种，各地可根据消费习惯从前述品种中选择应用。

（二）适时育苗

北方地区一般在 6 月上、中旬播种育苗，苗龄 60 天左右，8 月上、中旬定植。南方秋延后的时间长，播种期可随地理纬度降低而推后。秋茬茄子育苗最好在大棚内进行，也可选择地势较高、排水良好的地块，设置遮雨棚，做成高畦育苗。一般撒播，播后不盖地膜，防高温烤坏种芽。为了保湿，应在覆土后盖上一层湿稻草等，干了就喷水。当种芽拱土时撤掉高畦上的稻草，使种芽在有光照条件下出苗。2～3 片真叶期，抑制秧苗徒长可喷 30 微升/升的矮壮素，并用"茄子护根剂"围根，每 666.7 米^2 用药 1.5 千克掺细土 200 千克，每株围药土 50 克预防茄子黄萎病。

（三）田间管理

定植后不要覆地膜，防止地温过高烤伤根系，并立即架设用遮阳网，昼夜通风，雨天放风时要防止雨水淋入棚内。管理的重点是防病、防徒长，培育壮秧。应注意观察，若发现病害征兆，要及时喷药防治。如发现茄秧徒长，可喷一遍矮壮素。开花坐果期间一般不灌水、不追肥，坚持浅铲地和培土，把苗蹲住，有利壮秧。门茄普遍"瞪眼"便进入结果期，及时结束蹲苗，开始追肥、灌水，每 666.7 米^2 穴施氮、磷、钾复合肥 15～20 千克，随后灌水。及时打掉主干下部的老叶、病叶，抹掉主干各节的萌芽。门茄开花后 20 天便开始采收，采收 1～2 次后，再追一次肥，每 666.7 米^2 随水施入尿素 15 千克左右。

当外界最低气温降至 13℃时，停止放夜风。晴天白天棚温维持在 25～30℃，夜间 15～20℃，利于茄子秧果生长，应争取有较多时间维持这种温度。当外界最低气温降到 10℃左右时，大棚外四周要围上草苫子，以保持夜间最低棚温在 13℃以上，白天放风量逐渐减少，维持 25℃以上，使果实持续较快地生长。随气温逐渐降低，灌水间隔天数拉长，每次灌水量减少。每次灌水后要大放风，尽量排出湿气，防止形成低温潮湿环境而引发白粉病、褐纹病等，并病害发生时，要喷药防治。及时喷药杀灭蚜虫、红蜘蛛等害虫。叶面喷施氮、磷、钾肥液或其他营养剂，争取四门斗茄子有较大生长量。当棚内最低气温降到 10℃以下时，茄子果实生长很慢，但老化也慢，尽量拖后采收时间，保留茄秧上有较多的大果实。当最低气温经常处于 5～6℃时，可摘下全部较大的果实，以比较高的价格出售。

第五节　日光温室茄子安全生产管理要点

一、冬春茬茄子安全生产

（一）选择品种

生产者应根据当地的需要选择抗病、耐低温、耐弱光、植株开张度较小、果实发育快、坐果率高的早熟或中早熟品种。圆茄类如北京六叶茄、北京七叶茄、天津快圆茄、丰研 2 号；长茄类如龙茄 1 号、吉茄 4 号、天正茄 1 号、沈茄 1 号等。

（二）育苗

这茬茄子提倡嫁接育苗，以增强植株抗土传病害的能力及抗低温弱光能力。冬春茬茄子的育苗应选择在地势高燥、排灌方便、通风好的地方，备有遮阳网使茄苗不被强光暴晒，设置遮雨棚，防徒长。有条件的可在防虫网室中进行育苗。砧木可用根系发达、高抗黄萎病、耐低温的托鲁巴母。一般 9 月下旬先播砧木种子，20～25 天后播接穗种子，11 月下旬～12 月上旬定植。

在日光温室内育苗，一般采用地膜覆盖温床育苗。育苗土用未种过茄科作物的肥沃园田土 50%＋腐熟有机肥 40%＋过筛细炉渣 10%，每立方米营养土中加入过磷酸钙 1 千克、草木灰 5～10 千克、尿素 0.3～0.5 千克、50%多菌灵粉剂 150 克充分混拌均匀。用塑料薄膜盖严后，密封 5～6 天进行高温灭菌消毒。

每平方米用种量在 5 克左右。播种到出苗期间要保证土温在 20℃以上，最低不低于 18℃，低温潮湿时，出苗缓慢，甚至不出苗，出苗后易发生猝倒病。种芽大部分顶土时，及时揭去地膜，防止烤伤幼苗。出苗后，白天 20～25℃，夜间 16～17℃，不能低于 15℃。适时移苗，当秧苗 1 叶 1 心或 2 叶 1 心时，移栽到 10～15 厘米×10～15 厘米的营养钵中，营养土与播种土配比处理相同。将营养钵摆放整齐浇透水。移苗宜选晴天进行，利于缓苗。移苗后白天保持 28～30℃，夜间 18～20℃，缓苗后适当通风，白天 20～25℃，夜间 15～18℃。茄子苗不喜欢空气潮湿，应尽量减少浇水次数，但每次浇水都要浇透，保持苗钵不干旱。

嫁接前为促进秧苗健壮生长，可以进行一次叶面喷肥，一般喷施 0.2%尿素＋0.3%磷酸二氢钾混合液。嫁接前 2 天喷施一次保护性药剂 30%DT 杀菌剂 500 倍液并使药液顺茎流入到土壤中，预防茄子黄萎病、枯萎病。当砧木长到 5～6 片真叶，株高 10 厘米以上，茎粗 0.3～0.4 厘米，接穗 3～4 片真叶时即可嫁接。嫁接方法可采用劈接法、靠接法。

（三）整地

翻地施肥后耙平地面，按行距 60 厘米起垄，垄高 10～15 厘米，采用滴灌的垄可高起，采用沟灌的垄不可起太高，以 10 厘米为宜。如果垄过高，水浇不透，易使植株缺水而早衰。因为冬季温度低，不能大水漫灌，避免由灌水而使地温降低。

垄作好后要对温室进行消毒，预防病害。

（四）定植

当接穗苗龄 90 天左右时，日光温室内 10 厘米地温稳定在 15℃以上，选晴暖天气按株距 30～40 厘米在垄上开沟定植。若采用 30 厘米株距，结果盛期应隔株减掉一株，加大间距，增加营养面积的同时利于通风透光，减株不减产。定植时可将营养钵苗轻轻倒出，摆在开沟处，然后将苗坨埋严，浇水。浇水时，最好使用提前在储水箱中储存的水，如果没有储备水就不要开沟定植，以免井水凉降低地温而要刨穴定植。用井水时，先浇穴水，当穴水渗下一半时，将苗坨栽好，当水全部渗下后封穴。全棚定植后再整理垄面，在垄上铺设滴灌塑料软管，然后覆盖地膜，不具备滴灌条件的可实行膜下灌水。注意嫁接刀口的位置要高于垄面一定距离，以防接穗扎根受到二次侵染致病。

（五）定植初期管理

定植初期基本不通风，尽可能采取增温措施，温室后墙可以张挂聚酯镀铝膜反光幕，既可增加光照强度又可增加温度，也可扣小拱棚。温室内气温白天 30℃左右，夜间 15～20℃。中午温度超过 32℃时，可开顶窗短时通风。不透明覆盖物早揭晚盖，并要经常保持温室前屋面的清洁。如果晚上低于 15℃可考虑增设天幕，加纸被等多层覆盖。当秧苗心叶吐绿时表明秧苗已成活，缓苗后白天气温稍低些，晴天保持 20～30℃，夜间最低温度仍要保持 13℃以上，此时覆膜的可以进行一次培土保墒，未覆膜的要浇一次缓苗水，稍干后深铲浅培土。

（六）定植后的肥水管理

定植后的肥水管理一般分为开花结果期、盛果期两个阶段。

1. 开花结果期　门茄"瞪眼"时马上进行追肥灌水，浇水要在晴天上午进行。膜下浇水，结合浇水每 666.7 米^2 追尿素 10千克、硫酸钾 7.5 千克、磷酸二铵 5 千克，混合穴施。先施肥后浇水。开花坐果后应进行二氧化碳施肥。浇水后一定要将温室密闭 1～2 小时，当室内感觉热气扑面时，将顶间通风窗打开放风排湿。如果不是采用储水箱储存的水浇水，可隔沟浇水，防止降低地温。越冬茬茄子栽培此时外界气温低，可以揭开地膜进行培土扶垄，适当加高、加宽垄面，培土后重新盖好地膜，这样既可以促进茄苗根系发展，又可以中耕保墒。未盖地膜的更应进行培土保墒避免浇水过多影响地温，造成徒长或落花落果。

2. 盛果期　为了促进果实迅速膨大，增加产量，要进一步加强肥水的供应。10 天左右浇一次水，隔 1 次水追施一次肥，有机肥可施用腐熟大粪干或腐熟圈肥或饼肥，化肥可追施尿素。有机肥可揭膜开沟施或穴施，然后盖好地膜，施肥后浇水；化肥可随水冲施。浇水后要密闭大棚 1～2 小时增温，若温室内湿气上升，应短时间通顶风排湿。浇水一定选在晴天上午进行，坚持二氧化碳施肥。

（七）定植后的温度管理

1. 开花结果期　白天少放风。使白天温度保持在 25～28℃，并且 25℃以上温度应维持 5～6 小时，当温室温度超过 30℃时打开天窗通风降湿。夜间 16～20℃，最低不能低于 12℃。

2. 盛果期　对茄坐果后室外仍很严寒，一般情况下白天不放风。白天温度保持在 25～30℃，夜间 15～20℃，昼夜温差以10℃为宜。

遇到灾害性天气，应充分利用各种可行的增温、保温措施，尽量使室内最低温不低于 8～9℃。当室内温度降到 5℃时，要采取人工加温措施，否则会发生冻害。

（八）定植后的光照管理

茄子对光照的要求比较高，冬春茬栽培，光照条件很难满足茄子正常的生长需要。因此，在条件的允许下，覆盖物尽量早揭晚盖。即使阴天，也要揭开草苫，利用太阳散射光。天气寒冷时，也要适当揭开草苫见光。持续雨雪天过后突然转晴，不可一下子把草苫都揭开，应分批进行。每天擦净棚膜表面灰尘，降雪时要随时清扫。使温室内日照射时间不低于 7～8 小时，光照强度达到 40 000 勒克斯。

（九）定植后的植株调整

日光温室茄子密植的可采取"门茄"1 个果，"对茄"双干 2个果，"四门斗"三干 3 个果，"八面风"四干 4 果整枝。密植的，当对茄坐果后，隔株见对茄留 2～3 片真叶摘心，当对茄收获后用剪刀贴地面剪除一株。大距离定植的，可采用双干整枝。无论采用哪种整枝方式，一定要及时将多余的侧枝、侧芽摘除，老叶、病叶、黄叶也要摘除，减少植株多余的消耗，更有利于通风透光，促进果实发育。当门茄坐果后及时吊蔓绑枝，吊蔓绑枝一般在晴天午后进行，此时植株枝干水分消耗很多，枝条变得较柔软，绑蔓时动作再轻些，就不会碰折枝干。如果要进行换头栽培的，在四门斗坐果后，在四门斗果枝上留 2～3 片真叶进行摘心，使营养集中供应果实，促进果实膨大。不进行换头栽培的，在四门斗果坐住后，在八面风干位上留四个强壮枝，其余侧

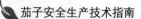

枝侧芽摘除。

二、早春茬茄子安全生产

早春茬茄子品种选择的原则与冬春茬茄子相同。北方日光温室早春茬茄子栽培宜采用嫁接育苗。日光温室栽培一般在 11 月上旬至 11 月下旬播种，每 666.7 米² 播种量 40～50 克。早春茬茄子育苗期间是一年中温度最低、光照最弱的季节，因此多采用架床或电热温床育苗。

（一）育苗

1. 架床 在日光温室内选择阳光好、易保温的温室中部围成塑料育苗间，搭建高 0.8～1.0 米、宽 1.5～1.7 米东西延长的架床。把装有床土的育苗盘或箱摆在架床上，或架床上直接铺床土播种。

2. 电热温床 一是在电热温床内培育小苗，在其他设施内培育成苗；二是小苗、成苗均在电热温床内培育。早春茬日光温室茄子栽培采用电热温床育苗，不仅能培育出适龄壮苗，而且茄子根系发达，并且地热线人工调节自动控制温度灵活方便，小苗不受外界低温的影响。播种床（接穗和砧木）的床土厚度一般以 6 厘米为宜，移苗床（自根苗或嫁接苗）的床土厚度以 10 厘米为宜。营养钵加电热温床育一手成苗时，在电热线上覆土 2～3 厘米，厚度均匀平坦，然后往上排钵。由于电热温床育苗土层厚度有限，持水量少，加上育苗土的温度比较高，蒸发量大，失水快，而且不能从土壤中得到水分补充，所以电热温床育苗时，苗易产生缺水现象，应及时补给。补水时不能浇大水，免得苗床底部积水，产生短路，发生危险，而应小水勤浇。

在定植前 7 天内，锻炼秧苗的抗低温能力，以提高定植后的适应能力和成活率，缩短缓苗期。

（二）定植

一般日光温室早春栽培定植时间在2月上旬至2月下旬。当苗长至6～7片真叶，茎粗壮，带花蕾时即可定植。定植前1周将温室清洁干净并进行温室消毒，然后整地作畦，每666.7米^{2}温室施入优质腐熟农家肥5 000～6 000千克，氮、磷、钾复合肥30千克，深翻2遍，使土粪混合均匀。细碎土壤，整平，做成高垄，垄宽70厘米，高10～15厘米，间距40厘米，垄背中间开一小沟，做覆盖地膜后浇水之用。如果采用滴灌，垄做好后铺设滴灌软管，再覆盖地膜。定植时，每垄定植2行，株距40厘米。选择晴暖天气上午定植。先开定植穴，将带有完整营养土方的苗栽稳后将土回填穴口盖严，然后通过膜下暗灌浇足定植水。

（三）定植后的水肥管理

定植缓苗后，如果晴天多，植株生长旺盛就应追肥灌水，然后再适当控制水分。当门茄"瞪眼"时结合浇水每666.7米^{2}施入尿素10～15千克或复合肥15千克，促进发育。开始浇水时由于外温低，放风量很小，这种情况下，只能在地膜下暗沟中适量灌水，以后随着植株的旺盛生长和结果盛期的到来，需水需肥量猛增。当土温稳定在18℃以上时，明沟暗沟都需灌水。灌水选晴天上午进行，灌水后密闭1～2小时，然后大放风，排除湿气。一般结果盛期7～10天灌一水，每隔15天追一肥，要有机肥（腐熟的农家肥）与化肥交替施用。如果水肥供应不足，不仅使植株早衰，而且茄子的商品质量也会下降。

（四）定植后的温度和光照管理

1. 缓苗期　白天温度保持在25～30℃，中午达到35℃时可短时间放顶风，夜间温度保持在15℃以上。可使用天幕，临时搭小拱棚,晚间增盖不透明覆盖物等增温措施。这样1周后可扎根缓苗。为了增加光照要经常清除温室棚膜上的灰尘,天幕、小拱棚白天要拉开,提高透光率。有条件时,可在后墙加挂反光幕来增加光照强度。

2. 缓苗后 因为这一时期温度低,植株生长量不大,消耗少,可适当降低温度,白天温度保持在25~28℃,夜间15℃以上,重点是蹲苗,促进根系发育,防止秧苗徒长,陆续开放的花仍需用以上方法处理。

3. 结果期 至2月底3月份后,天气转暖,茄子处在开花结果期,白天温度保持在25~30℃,夜间温度也要适当提高,上半夜18~24℃,下半夜15~18℃,地温保持16℃以上,不能低于13℃,阴天要比晴天低2~3℃。要尽量早揭晚盖不透明覆盖物,每天揭草苫后都要把薄膜清洁干净。并拉开天幕、小拱棚,增加光照时间和增强光照强度。连阴乍晴,不能强烈曝光和放风,要有个渐进的过程。四月份以后,随着外温的增高,室内温度上升很快,晴天中午前后温室内的最高温度一般可达40℃以上,故在温度管理上,要以防高温为重点,此期的适宜温度白天25~30℃,白天最高温度不超过35℃,夜间温度不低于15℃。在具体管理上要加强通风,一般晴天上午当温室内的温度上升到25℃以上开始通风,并随着温度的上升,不断加大通风量,当室外温度升到20℃以后可将温室的下部通风口打开,一起通风。

三、秋冬茬茄子安全生产

秋冬茬温室茄子是在露地育苗、定植,或将露地栽培的茄子经过老株更新后转入温室栽培的。这茬茄子的生长要经历由热到冷、光照由强变弱的环境变化,天气冷凉后进行覆盖栽培,所选用的品种一般应达到以下要求:①中早熟,株型偏小或中等,适

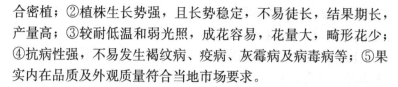

合密植；②植株生长势强，且长势稳定，不易徒长，结果期长，产量高；③较耐低温和弱光照，成花容易，花量大，畸形花少；④抗病性强，不易发生褐纹病、疫病、灰霉病及病毒病等；⑤果实内在品质及外观质量符合当地市场要求。

（一）常用品种

我国目前茄子秋冬茬温室高效栽培主要选用长茄类紫黑色品种，如紫阳长茄、鹰嘴长茄、94-1早长茄、苏长茄等。近几年，各地在栽培实践中，也选用一些优良的长卵圆茄类品种，如茄冠、济南早小长茄等。

（二）育苗

秋冬茬温室茄子的播种育苗期在7月中旬至8月上旬前后，此时正值高温、多雨和强光照时节，为确保育成壮苗，须注意做到：①晴天中午前后光照强时，要用遮阳网对苗床遮荫；②雨天用塑料薄膜或其他覆盖材料对苗床遮雨，避免雨水进入苗床；③采用嫁接育苗技术；④使用育苗钵育苗，保护根系；⑤使用防虫网密封苗床，防止蚜虫、白粉虱等害虫危害；⑥控制肥水，加强通风，防止茄苗徒长；⑦及早间苗、分苗，避免苗床内拥挤；⑧加强对病害的田间调查，发现病情，适时进行防治。

（三）温室选择

1. 对温室的要求　秋冬茬温室茄子高效栽培应选择增温、保温性能优良、采光量大的温室。其具体要求是：①温室骨架要相对高大。其最大高度不低于3米，南部高度不低于1米，内部宽度不低于8米。这类温室能够确保茄子有足够的生长空间，在相对较大的空间内，茄子可以长成高大植株而不落秧，使茄子生产的时间延长；骨架高大的温室内有一定的储热空间，增加储热量，增强了温室的自身保温能力，有利于茄子的植株生长及果实发育。②温室的骨架要牢固，负荷能力强。冬季栽培茄子不仅要覆盖保温材料，而且多风雪天气，若骨架不牢，负荷能力弱，常会出现草苫或大雪压塌温室的后果。因此，在建造温室时，必须考虑温室的负荷能力，特别是温室前屋面的负荷能力要强，至少能够承受 20 厘米以上的厚雪，以防雪后屋面变形，避免出现大雪压塌温室的现象。③保温材料的保温性能要好。我国目前多用草苫作保温覆盖材料，一般要求新草苫的厚度不低于 4 厘米。冬季严寒的地区，还应配备有多层覆盖材料，要求晴天在不加温的情况下，温室内的最低气温不低于 10℃。冬季多雪的地区，注意收看天气预报，在大雪来临前，可在草苫上加盖一层薄膜防止草苫吸水后加大负荷量，以减轻棚面积雪过厚而造成无可挽回的损失。④温室内的光照条件要好。温室的前屋面多采用圆弧形坡面，以提高透光率。我国北方地区，温室前屋面与地面的夹角应不小于当地地理纬度减 10 的差值；光照不足的地区，可人工补充光源，或在温室内悬挂反光膜增光。

2. 常用温室类型 受经济条件、技术水平等条件限制，目前我国茄子的温室栽培，绝大多数还不能在温室内配备暖气、空调等加温设施及高档增光设施。为降低生产成本，北方地区多采用冬季不加温或进行短时间加温的冬暖型日光温室，如潍坊式冬暖型日光温室、北京式冬暖型日光温室及辽宁省瓦房店式冬暖型日光温室等。

3. 棚膜选择

（1）对棚膜的要求 一是透光性好。冬季光照不足，光照时间短，温室内的温度偏低，必须选用透光性好的棚膜才能保证温室内的光照和白天增温的需要。同时，由于冬季温室内的湿度较大，棚膜表面容易结露影响透光；另外，草苫的落尘也对棚膜表面造成污染而影响透光。因此，温室棚膜不仅要具有良好的透光性，还应具备良好的防尘、防结露性能。

二是抗压力强。在覆盖草苫以及积雪等重压下，不发生破碎，也不明显变松弛，失去张力。

三是保温性能好。棚膜的保温性能与厚度密切相关，棚膜越厚，保温性越好。因此，在不影响透光性的前提下，若价格相差不大时，应尽量选择使用厚度大的棚膜。

四是透光成分对茄子生长有利。由于有色棚膜的保温性能比无色棚膜更好，温室内空气湿度也较低，目前在温室茄子生产上多使用深蓝色、紫色、红色等有色棚膜，而以紫色棚膜对茄子生长结果的促进作用最为明显。所以，实际生产中，应优先选择紫色棚膜。

五是方便修补。冬季温室的温度管理以卷放草苫为主要手段，操作过程中，容易造成棚膜破碎。为保证室内温度，需要及时对棚膜进行修补。因此，要选择不易老化，且易于修补的棚膜。

（2）棚膜种类　我国茄子秋冬茬温室高效栽培中常用的棚膜主要有 PVC 多功能复合膜和 PE 多功能复合膜两类，近年来新研制开发的 EVA 多功能复合膜作为日光温室的一种新型覆盖材料正在得以推广。

PVC 多功能复合膜也叫"全无滴膜"，是在普通 PVC 膜的原料中加入多种辅助剂后加工而成，具有无滴、耐老化、长寿、拒尘、易修补、保温等功能，是目前冬季温室栽培的主要覆盖用膜。其缺点是：初始透光率较高，无滴持效期较长，但在中、后期的使用中，由于助剂析出导致膜表面吸尘严重，透光率大幅度下降，对温室内的作物生长不利。

PE 多功能复合膜通常称为"半无滴膜"，由三层材料组成，最上层具有防老化功能，也叫"长寿层"，最下层具有防水滴的吸附功能，也叫"无滴层"，中间一层具有保温功能，也叫"保温层"。该类棚膜用量少，成本低。但 PE 膜的初期透光率较低，无滴持效期短，受压后容易变形，老化后不易修补。

EVA 多功能复合膜为乙烯—醋酸乙烯的无规共聚物，采用三层复合吹膜工艺流程吹制而成。应用试验证明，EVA 多功能膜在透光、流滴等性能上优于 PE 无滴防老化膜，增产显著；与 PVC 无滴防老化膜相比，保温性与 PVC 膜相当，透光性好、吸尘轻，无滴持效期更长，无滴持效期可达 6 个月以上。

（四）土壤及肥料要求

秋冬茬温室茄子的生育期较长，并且多次采收嫩果，产量高，对土壤厚度、质地要求高，肥料的需求量大。一般要求土壤酸碱度适宜（pH6.8～7.3），土层厚度在 80 厘米以上，保肥保水性能良好，且富含有机质及茄子生长发育所需的各种营养元素，肥力水平较高。因此，茄子栽培宜优先选择黏质壤土或粉质壤土，并在定植前进行土壤深耕，同时施足优质有机肥，配合施入足量的氮磷钾复合肥及中微量元素肥料，以源源不断地供给茄子生长发育所需的各种营养。生产上，常通过有机肥基施、化学肥料追施、微量元素肥料根外施三种方式相结合来满足茄子对营养的需求。

1. 重视有机肥的施用　秋冬茬温室茄子的主要结果期正值严寒的冬季，温室内浇水次数少，不便于追施化学肥料；即使能够追肥，也容易造成伤根，而茄子根系老化快，根系受伤后不易发生新根，影响了植株生长与开花结果。所以，生产中更要重视有机肥的施用，以基肥为主，追肥为辅。

基肥以优质有机肥为主。有机肥的营养成分齐全，供肥均匀，可以减轻或避免发生缺素症；有机肥供肥缓慢，肥效时间长，不会发生"烧根"，也不会发生脱肥；有机肥具有改良土壤、培肥地力的作用，对根系发育有利；有机肥能够提高地温，促进根系生长；有机肥能够释放二氧化碳，补充温室内二氧化碳的不足，提高光合效率，增加产量。因此，秋冬茬温室茄子栽培必须施以足量的有机肥。但由于有机肥的供肥强度低，在茄子大量需肥时，难以提供充足的速效养分，因此，需注意选择施用速效养分含量高、供肥强度大的优质有机肥，如腐熟的鸡粪、饼肥等，并配合施用生物菌肥。

2. 基肥的正确施用　基肥施用时，应注意做到：①施前杀虫。有机肥中常携带大量的线虫、蝇蛆等害虫，特别是鸡粪作为一种比较优质的有机肥在设施茄子栽培中被广泛施用，但是生鸡粪中存在许多寄生虫、卵以及一些传染性的病菌，施用前必须经过充分的腐熟，并喷洒辛硫磷、敌百虫等药剂，进行灭害处理。②分类施肥。目前我国常用的有机肥主要有堆肥、沤肥、厩肥、沼气肥、饼肥等。堆肥是以各类秸秆、落叶、人畜粪便为原料，与少量泥土混合堆积而成的一种有机肥料。沤肥所用物料与堆肥基本相同，只是在无氧条件下进行发酵而成。厩肥是指猪、牛、马、羊、鸡、鸭等畜禽的粪尿与秸秆垫料堆制成的肥料。沼气肥是在密封的沼气池中，有机物厌氧发酵产生沼气后的副产物，包括沼气液和残渣。饼肥即菜籽饼、棉籽饼、豆饼、芝麻饼、花生饼、蓖麻饼、茶籽饼等。堆肥、沤肥、厩肥等宜深施于茄子根系主要分布区内；饼肥、沼气肥等宜浅施、集中施。③均匀施肥。有机肥施用前，要将大的颗粒、粪块破碎，过筛，筛除其中的石砾、杂质等。撒施的，要在撒施均匀后深翻；沟施、穴施的，要在施肥后与土充分混合。

（五）定植前"高温闷棚"

"高温闷棚"对于温室茄子来说是一件非常重要的事，尤其对于连年种植的温室，年限越长，重茬病、根结线虫等发生越重。如果不进行有效防治，就会影响到下一季的种植，并且病虫害严重了，产量和品质也上不去。就目前的技术条件而言，在定植前的这段时间，高温闷棚是最有效的办法。秋冬茬温室茄子定植前一般要进行为期一周的"高温闷棚"，即在晴天将温室密闭，在强阳光照射下，使温度迅速升到50℃以上并保持一定的时间，利用高温对温室或大棚进行烘烤。

1. "高温闷棚"的作用 "高温闷棚"有非常重要的作用：①对温室内的表层土壤、立柱等进行高温灭菌和灭虫。一般来讲，夏秋季"高温闷棚"期间，棚内的最高温度可达70℃左右，在此温度下闷棚一周左右后，棚内的大部分病菌和害虫能够被杀死。在根结线虫发生严重的温室内，其他方法效果不显著，只有这个方法最好，因为根结线虫在55~58℃之间8分钟就可以被杀死。②促使有机肥腐熟，灭杀粪肥中的害虫。有机肥中，特别是未腐熟的有机肥中往往携带有大量的线虫、蝇蛆等地下害虫，如果把粪肥直接施入地里，粪肥中的害虫容易伤害蔬菜苗的根系，造成死苗。采取"高温闷棚"措施，可以利用温室内的高温，加速有机肥的腐熟，同时过高的温度还能够直接灭杀掉粪肥中的大部分害虫。

2. "高温闷棚"的注意事项 "高温闷棚"时，一般应做到"三要"、"三补"、"三忌"。

（1）"三要" 一要闷前翻地。高温闷棚前，应深翻土壤25~30厘米，翻地后大水漫灌，覆盖地膜，有条件的，还可在翻地时挖沟，沟施麦糠或麦秸。若不深翻而单采用旋耕机翻地，土壤深层的病菌和线虫难以被杀灭，闷棚效果差。土壤板结、盐害严重的棚室，更宜采用该法。

二要全棚密闭。全棚密闭不仅是将棚室通风口关严，而且还要在棚室地面上覆盖地膜。很多菜农就是因为没有覆盖地膜，而使土壤温度达不到要求，导致闷棚效果较差。闷棚时最好将棚室覆盖的旧薄膜去掉，换上新薄膜，以便于提高温度。但要注意新薄膜不要用压膜线固定，只将四周用泥封严即可，以备后用。

三要充分闷棚。闷棚时，至少要有连续5天的晴好天气。这与全棚密闭的作用是一样的，主要是为了充分提高棚温和地温。这样，棚温可达到80℃，地温可达到60℃。

（2）"三补" "三补"即闷前补粪肥助其充分腐熟，闷前补石灰氮防根结线虫，闷后补生物菌肥增加有益菌。

一补粪肥。鸡粪、猪粪等有机肥难腐熟，即使堆积半年之久也不能充分腐熟。而施用未充分腐熟的有机肥易烧根熏苗，引发病虫草害。在高温闷棚前，把鸡粪等有机肥均匀施入棚室内，在高温闷棚的同时可促进鸡粪等有机肥的充分腐熟，一举两得。具体方法：把鸡粪等有机肥均匀施入棚室内，然后用旋耕机耕地，将鸡粪和土壤混和均匀，再深翻，将鸡粪翻入 25 厘米左右深的耕作层中。

二补石灰氮。对于根结线虫严重的棚室，可在翻地前每666.7 米^2 施入 60～100 千克石灰氮，充分利用石灰氮与水反应形成的氰胺杀灭土壤中的根结线虫。

三补生物菌肥。高温闷棚后，土壤中有害病菌被消灭了，但同时土壤中的有益菌也被闷死了。因而，在高温闷棚后必须增施生物菌肥。如果不增施生物菌肥，茄苗定植后，若遇病菌侵袭，则无有益菌缓冲或控制病害发展，很可能会大面积发生病害，特别是根部病害。生物菌肥在茄苗定植前按 666.7 米^{2}80～120 千克的用量均匀地施入定植穴中，以保护根际环境，增强植株的抗病能力。

（3）"三忌"　一忌闷棚时间过长。很多菜农认为闷棚时间越长，棚室内的病菌消灭得越干净。但是，很少有菜农想到，长时间的高温闷棚会严重损伤棚膜。在夏季如果高温闷棚一个月，棚膜的老化程度相当于平常使用 5 个月；如果高温闷棚一个夏季，棚膜的老化程度则相当于平常使用一年。因此，夏季不能无限制地高温闷棚。为减轻高温闷棚对棚膜的损伤程度，一定要控制好闷棚时间。正常情况下，秋冬茬温室茄子"高温闷棚"时间为 7 天左右。

二忌闷棚前施生物菌肥。闷棚前翻地施底肥时，一定不要把生物菌肥一起施入。高温闷棚的目的是利用高温消毒灭菌，如果在闷棚前施入了生物菌肥，那么菌肥中的生物菌必然会在高温闷棚的过程中灭亡，也就发挥不了生物菌肥应有的作用。

三忌"带棵闷棚"。许多地方的菜农有"带棵闷棚"的习惯，即将拉秧的植株留在棚室内进行高温闷棚。其原因有两个：一是刚拉秧的植株含水分较多，往棚室外运较费劲；二是菜农认为"带棵闷棚"能将植株上所带的病菌杀灭，减少菌源。"带棵闷棚"其实并不科学，在根结线虫病严重的棚室，如果不事先把植株拔出来，根结线虫病菌在地下，闷棚效果较差；拔出植株后，原先植株根系生长处的土壤处于裸露状态，这些土壤提温更快，杀灭根结线虫病菌的效果比"带棵闷棚"更好。

（六）整地作畦

1. 栽培畦类型　秋冬茬温室茄子多采用高畦或垄畦栽培，一般不用低畦。

（1）高畦　北方干旱，浇水多，在配套微喷灌的温室内，多采用高畦。高畦的畦面宽 60～80 厘米，高 10～15 厘米左右。畦面过高过宽，灌水时不易渗到畦中心，容易造成畦内干旱。南方多雨地区或地下水位高、排水不良的地区，多采用深沟宽高畦，一般畦面宽 180～200 厘米、沟深 23～26 厘米、宽约 40 厘米。

（2）垄畦　底宽 50 厘米、畦背高 15 厘米。为方便棚内管理，常做成大、小垄，大垄距 80 厘米左右，沟深 15～20 厘米，主要用于行走；小垄距 60 厘米左右，沟深 10 厘米左右，主要用于灌水。在一般温室内，多采用垄畦。

高畦和垄畦的主要优点：一是加厚耕层；二是便于覆盖地膜；三是排水方便，土壤透气性好，地温高，有利于根系发育；四是覆盖地膜后，可以进行膜下灌水，防止空气湿度过高；五是灌水不超过畦面，可减轻通过流水传播的病害蔓延。

2. 整地作畦的技术要求　茄子栽培畦应达到相应的质量要求。①畦面要平坦。垄的高度要均匀一致，畦面要平，否则浇水或雨后湿度不均匀，植株生长不整齐，低洼处还易积水。②土壤细碎。整地作畦时，一定要使土壤细碎，畦内无坷垃、石砾、薄

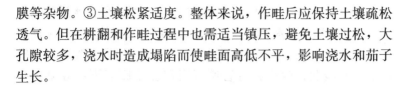

膜等杂物。③土壤松紧适度。整体来说，作畦后应保持土壤疏松透气。但在耕翻和作畦过程中也需适当镇压，避免土壤过松，大孔隙较多，浇水时造成塌陷而使畦面高低不平，影响浇水和茄子生长。

（七）定植

同其他栽培方式一样，秋冬茬温室茄子也应该确定适宜的栽植密度并选用合理的定植方法，以保证充足的光照条件，获取高产量，取得高效益。

1. 密度 通常情况下，多采用大小行距栽培，大行距80厘米左右，小行距60厘米左右，株距35～40厘米。株型较大的品种，株行距可适当大一些，每666.7米^{2}栽植2 000～2 500株；株型较小的品种，株行距可适当小一些，每666.7米^{2}栽植2 700株左右。

2. 定植方法 秋冬茬温室茄子宜采用明水定植法，即茄苗定植时浇小水或不浇水，待定植结束后再将地面或沟内浇大水。原因是秋冬茬温室茄子茄苗定植期间温度高、光照强，茄苗失水快，需水多，只有浇大水、浇透水，才能确保缓苗期用水；同时，采用明水定植法可降低地温，避免缓苗期间因地温过高而烫伤根系，影响茄苗生长。

定植时应注意做到：①分级栽苗。栽植前，将茄苗按大小或壮弱进行分级，同一级别的茄苗集中栽植在一个区域，便于定植后的管理。②阴天或晴天傍晚栽苗。不宜在温度高、光照强的晴天中午栽苗，避免茄苗萎蔫甚至死亡。③足墒定植。温室内土壤底墒要好，以免浇水前茄苗缺水萎蔫，尤其是在远离水源、定植后不能立即浇水的情况下，更要做到足墒定植。④适当深栽。将真叶以下的胚轴部分（脖子部分）全部埋入土中。这样做的好处：一是促进胚轴生根，扩大根群，增加吸收面积；二是防止茄苗倒伏。⑤栽后浇透水。采用高畦或垄畦栽培时，栽后一定要浇透水，使水渗透垄背，以免出现外湿内干现象。⑥浇水后覆盖地膜。茄苗定植浇透水后，应立即覆盖地膜。其好处：一是降低空气湿度，减少病害；二是提高地温；三是防止土壤板结，利于根系生长和吸收；四是将有害肥气阻挡在薄膜以下，避免茎叶中毒。

（八）定植后扣棚前的管理

日光温室秋冬茬茄子定植时棚膜尚未扣上，定植后各地都有一段或长或短的露地生长时间，这一时期正是茄子缓苗、搭丰产架的关键时期，在管理上要重点抓好以下几方面：①浇完定植水后，抓紧搞好田间中耕，中耕时对苗坨周围进行松土。定植4～5天后，再浇1次缓苗水，然后掌握由深到浅，由近到远，连续中耕2～3次，并向垄上培土，雨后也要及时松土。②缓苗后，用多菌灵和生化黄腐酸混合液灌根，进一步预防黄萎病和枯萎病，叶面喷用4 000～5 000微升/升的矮壮素或助壮素，促使壮秧早结果。③门茄开花后，各喷1次2 500倍的亚硫酸氢钠（光呼吸抑制剂），门茄开花时用50微升/升水溶性防落素加20微升/升赤霉素喷1次花。④喷用杀虫剂防治红蜘蛛、茶黄螨等害虫。

（九）适时扣棚

秋冬茬温室茄子通常在7月中旬至8月上旬播种育苗，9月下旬至国庆节前定植。定植初期，外界气温可以满足植株生长，不必扣膜。10月中下旬，当日平均气温下降到20℃时开始扣棚；扣棚初期要通大风。随着外界气温的逐渐下降，通风量也逐渐变小。当外界气温达15℃左右时，夜间要闭棚。

1. 棚膜处理　扣盖棚膜前，要对薄膜进行裁剪、黏接、修补、固定膜边等处理。

①薄膜的裁剪。从市场购买的薄膜一般是成捆的，要根据温

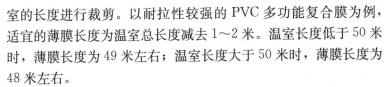

室的长度进行裁剪。以耐拉性较强的 PVC 多功能复合膜为例，适宜的薄膜长度为温室总长度减去 1～2 米。温室长度低于 50 米时，薄膜长度为 49 米左右；温室长度大于 50 米时，薄膜长度为 48 米左右。

②薄膜的黏接。目前，市场上销售的 PVC 多功能复合膜的幅宽多为 3 米，而温室棚膜的宽度一般为 9～12 米。因此，需要将 3～4 幅薄膜加以黏接。通常采用热力黏接法，幅与幅之间叠压缝宽约 5 厘米，用电熨斗加热薄膜，使其黏接起来。

③薄膜的修补。如果薄膜上有孔洞，一定要进行适当修补。若孔洞较大，可用电熨斗打补丁；若孔洞较小，可用薄膜黏合剂修补。

④固定膜边。将黏接好的薄膜上边向下折叠成一条 8～10 厘米宽的缝，缝内包入一根尼龙绳或 21 号铁丝，缝边用电熨斗粘住，使缝成一筒形。包入的尼龙绳或铁丝将来用作向缝内引导粗铁丝固定膜边。

2. 扣棚时应注意的问题　温室的棚面较大，在扣棚时，要注意：①扣前检查。仔细检查屋面骨架，发现竹竿枝杈、铁丝头等尖锐的东西，要及时清除，竹竿接头处用塑料或布条包缠严密，防止扣棚时将薄膜刺破或划破。②选择无风的晴天中午前后扣棚。晴天中午前后的气温较高，光照强，薄膜展开后质地柔软，易于拉紧，也不易破损。风大时扣棚，不仅操作难度大，而且棚膜不易拉紧，扣膜质量差，日后遇风容易被刮起甚至损坏，影响保温效果。③拉膜用力要松紧适度。可用"一松一紧"法或"上下抖动"法逐步将薄膜拉紧，不要生拉硬拽，尽量避免薄膜局部受力过大而发生破裂。④拉膜要正，膜面要平。拉膜时，注意不要歪斜。如果薄膜歪斜出现皱纹，会影响透光，皱纹处易积水、积尘。拉紧后的棚膜接缝处应与地面或屋面上的纵向铁丝呈平行状态，拉紧后的膜面平滑、光亮。⑤棚膜固定要牢固。棚膜的表面要用专用压膜线或粗铁丝压紧，棚膜的上边用细铁丝固定在拱架上，棚膜的两端用竹竿卷住固定在地桩或地线上。⑥留好通风口。常见的日光温室一般只在棚面上部设置一个通风口，而不设下部通风口，多是将棚膜的下沿揭起上卷替代通风口。但采用这种方法放风时，由于风紧贴地面，以"扫地风"的形式进入温室内，冷凉空气直吹地面，地面降温快，茄子的根茎容易受到伤害。现代日光温室一般设有上下两排通风口。上排通风口位于温室顶部，宽约50厘米，多是单独覆盖一幅1.5米左右的窄膜，通风时将膜向上拉起；下排通风口距离地面1~1.5米，通风时冷空气不直接吹向地面，对根茎的影响小，对温室的降温效果也好。

（十）扣棚后的温度管理

扣棚初期光照强，温室内白天的温度较高，在不通风时，晴天中午温室内的温度可高达50℃以上，即使通风，温度也可达35℃以上，大大高于茄苗的适宜温度范围。因此，扣棚初期晴天的中午要放草苫或遮阴网遮阴，使温室内气温保持在25~30℃。若温室内气温过高，茄苗易发生萎蔫。

随着气温的降低遇到寒流天气，要及时封棚保温。温室内的气温原则不得低于15℃，当室内温室低于15℃时，要及时加盖草苫、纸被，在前坡底部和后坡覆草，必要时，可采用点火炉、点火盆、点火堆或电加温等方法，进行临时性补温。要定期清洁棚膜，适时揭开草苫，尽量创造有利于茄子开花结果的光照和温度条件。白天温度保持在22~30℃，夜间不低于10℃为宜。对一些保温性能差的温室还要注意防止低温冷害，防止茄子从内部开始腐烂的现象。

（十一）扣棚后的肥水管理

1. 缓苗后至发棵初期 扣棚初期正值茄苗缓苗后至发棵初期，也是茄苗新根群形成初期，应及时浇水，保证茄苗发棵的水分供应，习惯上称这次水为"发棵水"。具体的浇水时间、浇水量应因地制宜，并避开晴天的中午前后。如果土壤干燥，应早浇水，并逐沟浇，水量大一些；若土壤较湿润，可适当晚浇，可隔沟浇水或浇半沟水，水量小一些。晴天浇水时，应于傍晚或早晨进行。

结合浇发棵水，可根据地力及肥力情况，酌情进行一次施肥，这次施肥也叫"发棵肥"。对于地力较差、底肥不足的地块，追施"发棵肥"非常有必要，一般每 666.7 米^2 可追施尿素 10～15 千克，或冲施沤制过的鸡粪、人粪尿，或冲施沼气液等；而对于地力水平较高、底肥充足的地块，可以不追施"发棵肥"。此期温度较高，若肥水过大，植株容易发生徒长，影响开花和坐果。

浇足发棵水后，在门茄坐住前的一段时间内，适当控制肥水，保持土壤适度干燥，适当进行蹲苗，减缓茄子的生长速度，防止植株徒长；直到门茄"瞪眼"时开始追肥、浇水，每 666.7 米^2 施尿素 10～15 千克。以后在每层果谢花后，随水追施肥，每 666.7 米^2 施氮钾复合肥 30～40 千克。

2. 结果期　结果期是茄子一生中需水量最大的时期，也是浇水的关键时期。既要掌握适宜的浇水量、浇水次数，又要注意浇水的方式方法，以保证果实的正常生长，获得较高的产量。

（1）浇水量要适宜　秋冬茬温室茄子结果期可分为三个阶段，即结果前期、结果中期、结果后期。结果前期茄子生长快，需水多，应适当多浇水，使地面一直保持湿润而不见干土；结果中期植株生长缓慢，应控制浇水量，保持地面湿润稍干；结果后期植株生长加快，需水量增加，应增加浇水，保持地面湿润不见干。

（2）水温要适宜　茄子喜温，土壤耕层温度低于 12℃ 时，根毛即停止生长。地温长时间低于 10℃，且土壤湿度又较高时，根系在冷湿条件下，往往会发生腐烂。因此，秋冬茬温室茄子结果期不宜浇冷凉水，最好浇温水，以保持正常的土壤温度。

获取温水的方法主要有温室内预热水、太阳能预热水、地下水及工业废水等，各地可根据具体条件选择采用。

在温室内预热水的方法最常用。它是在温室内建一蓄水池，池中放入足量的水，用透光性能好的塑料薄膜覆盖，利用温室内的余热及光照使水升温。待水温升高后，即可进行浇地。

条件允许时，可在温室顶部安装太阳能热水器，将加温后的热水蓄存于温室内的水池中，当水温适宜时，即可用于浇地。

若温室附近有深井或发电厂，也可利用深层地下水或电厂排出的热水进行浇地。

（3）**方法要得当** 秋冬茬温室茄子结果期的温度低、光照弱，管理的目的是提高并保持适宜的室温、地温，降低温室内的空气湿度。传统的大水漫灌的浇水方式，不仅会大幅度降低地温，影响根系活动，还会使空气湿度上升，引发茄子病害。因此，秋冬茬温室茄子结果期不宜大水漫灌，宜小水勤浇、浇暗水，并在晴天上午进行。

小水勤浇就是每次的浇水量要小，以水渗到茄子根系集中分布层为宜；土壤表土干燥时，再以同样的方法浇一次小水。小水勤浇是通过增加浇水次数来满足茄子正常生长的需水要求，不仅能够保持温室内较高的地温，也有利于降低温室内的空气湿度。

浇暗水就是浇水后地面见不到明水，好处是：地面水分蒸发少，对保持土壤温度有利，也利于维持温室内适宜的空气湿度。目前，温室内浇暗水最常用的方法是地膜下开沟浇水。

在现代化水平较高的地区，温室内多配套滴灌或微喷灌溉设施，进行地膜下滴灌或微喷，有些地方还实现了灌水的智能化控制。

（十二）扣棚的植株管理

茄子属连续的二叉分枝，每个叶腋都可以抽生侧枝，如果任其自然生长，就会枝叶丛生。而茄子叶片肥厚硕大，消光系数极大，放任生长下的茄子植株，由于通风透光性差，不仅会造成植株徒长、养分浪费、病害频发、果实着色不良，也会影响其连续长期结果。因此，搞好茄子植株调整，就成为夺取高产的一项关键技术。

1. 主要整枝方法 茄子整枝有单干整枝、双干整枝、改良双干整枝、三干整枝、四干整枝及层梯式互控整枝等多种方法。对于秋冬茬温室茄子而言，其上市供应期主要集中在国庆节至春节阶段，其主要生长期在冬季，所以其株型不宜太大，应以双干整枝、改良双干整枝、三干整枝、层梯式互控整枝为主。

（1）双干整枝 温室茄子栽培若用中晚熟品种，其株型较高，叶片较大，植株的营养生长较旺盛，结果高峰来得较迟，生产上常用双干整枝。具体做法是：从对茄开始，留主枝和1个侧枝，每枝留1个果，每层共留2个茄子。在主枝和1个侧枝上循环交替各留1个茄子，每层共结2个茄子。当植株长到5层果时（满天星茄），及时在2个枝干的顶部留心叶2～3片，并将顶部生长点全部摘掉，其余侧枝和植株上的病叶、老叶一并清除干净。

（2）改良双干整枝 在生产实践中，菜农根据现行的双干整枝法，总结出一种新的整枝方法——改良双干整枝法。这种整枝法可以充分利用温室内的温、光资源，使植株早结果、多结果，提高茄子早期产量，增加经济效益。具体做法是：在植株采用双干整枝时，选留门茄下的第一个侧枝结果，该侧枝着果后，在果前留2片叶摘心，门茄以上按双干整枝的方法整枝，其结果格局是1－1－2－2－2－2…。

（3）三干整枝 是在门茄出现后，除保留主茎外，还把门茄下的第一、第二个侧枝保留下来，主茎加两个侧枝共三个枝结果，其余全部抹掉。坐果后，每枝仍选留1个枝继续结果，其余全部抹除，每层只结三个果。这样一直坚持下去，直到满天星作为最后一个果，在其上部留 1～3 片叶摘心。其结果格局是 3－1－3－3－3…，每株结果 15 个。这种整枝方式适宜于植株矮小、叶片细长、果实中等大小、栽植密度较大的早熟品种。

（4）层梯式互控整枝　温室茄子采用层梯式互控整枝新技术，不仅能克服早衰，均衡营养供应，而且提质增效十分明显，单株结果数最高达到 80 个以上，比传统双干整枝方式产量提高 10％左右。其整枝方法是：当门茄坐果后，适当摘除基部 1～2 片老、黄叶，门茄采收后将其下部叶片全部打掉。从对茄开始，通过打杈让主干与侧枝相互交替结果，每层主枝留 2 个侧枝，每个侧枝留 2 个副侧枝，共留 4 个枝，每枝结 1 个茄子，每层结 4 个茄子，以后呈层梯式循环交替留 4 个枝结 4 个茄子，每个茄子下只留 2 片叶，其余老叶和多余侧枝全部打去，当选留的侧枝生长点变细、花蕾变小时，及时掐头，促发下部侧枝再开花结果；当茄子出现早衰或歇秧时，及时打去老叶，7～8 天后新叶就可发出，而且干枝头继续结果。茄子生产周期结束时，视植株长势和市价行情，及时拉秧或平茬再生栽培。

2. 整枝、抹杈、摘心应注意的问题　茄子整枝过程通常要通过打侧枝、摘老叶、摘心等手法来完成。这些操作虽然简单，但仍需要讲究一定的技法，才能达到预期目的。

（1）整枝不宜过早　与露地茄子相比，温室内土质疏松、土壤湿度大，茄子茎叶生长快，根系入土较浅，扩展范围也较小。因此，整枝不宜过早，应通过适当晚整枝来诱导根系向土壤深层扩展，形成强大根系，提高根系吸收功能。一般情况下，应在侧枝长度达到 10～15 厘米左右时抹除为宜。

（2）抹杈时间要适宜　抹杈要在晴暖天的上午进行，而不在阴天及傍晚抹杈。原因是，阴天及傍晚抹杈后伤口不能及时愈合，容易感染病菌，引发病害。

（3）要使用专用的抹杈工具　要用专用的修枝剪或快刀将侧枝剪掉或切除，不要硬折硬劈造成过大伤口甚至拉伤茎干。

（4）抹杈的位置要适宜　不要紧贴枝干基部抹杈，一是避免伤口感染后直接感染枝干，二是避免在枝干上留下疤痕，影响植株内的养分流动。一般以保留 1 厘米左右的短茬为宜。

（5）不伤茎叶、不漏抹　抹杈要勤、要细致，一般 3～5 天抹杈一次，要细致周到，不留死角；并注意动作要轻，不损伤茎叶。

（6）适时摘心　在枝干顶到棚膜前，或拔秧前一个月左右，选择晴暖天的上午，在花蕾上保留 1～2 片叶摘心，促使营养流向果实，既防止植株过高生长，避免植株郁闭，又提高果实产量和质量。

（7）及时吊枝　在对茄收获后，要及时吊枝。方法是：在垄的上方拉一道铁丝，然后将尼龙细绳线的上端系到铁丝上，下端系到侧枝的基部，每个侧枝一根绳，随着植株的生长不断地向上缠绕。其好处：一是结果枝干分布均匀，保持温室内良好的透光性；二是让枝条向上生长，避免坐果后果实将枝条压弯。吊枝时，宜在晴暖天午后进行，吊绳及绳扣不要太紧，并定期松动绳扣，防止枝干变粗后，绳扣勒进枝干内，影响植株生长与结果，甚至勒断枝干。

（十三）花果管理

秋冬茬温室茄子由于前期温度较高，植株的营养生长较快，花芽分化受到一定影响，不仅短柱花的比例较高，而且花蕾的营养不足，加上温室内的空气湿度较大，不利于花粉的萌发和受精，若不采取保花保果措施，茄子的坐果率会相对较低。因此，提高茄子坐果率是秋冬茬温室茄子获得高产的关键技术之一。

1. 合理控制肥水，进行植株调整，防止植株营养生长过旺，促进花芽分化，保证花芽数量和质量。

2. 加强坐果期间的温度管理，秋季白天温室内保持 25～30℃，最高不超过 35℃；冬季温室内最低温度不低于 15℃。

3. 开花后用 2，4 - D 或防落素等保花激素进行抹花处理。适合茄子使用的保花激素主要是 2，4 - D 和防落素。2，4 - D 使用浓度为 20～30 微升/升，气温低时用浓度高限，气温高时用浓度低限；防落素（也叫番茄灵、坐果灵）使用浓度为 40～50 微升/升。2，4 - D 只能作浸花和涂花用，不能喷花；防落素可用小型喷雾器直接向花上喷洒，对茄子的枝叶无害。

四、越冬一大茬茄子安全生产

日光温室越冬一大茬茄子栽培模式，一般要求在 7 月中下旬播种砧木，8 月上旬播种接穗，9 月中旬进行嫁接，10 月上旬定植，12 月上旬开始采收，翌年 7～8 月拉秧。该模式实现了茄子的周年生产，满足了元旦和春节的市场供应，产量高、效益好。

（一）品种选择

目前，日光温室越冬一大茬茄子主要有自根苗和嫁接苗两种栽培方式。采用嫁接苗栽培方式时，不仅要选用优良的品种，还必须有适宜的砧木与之配套。

该茬茄子以元旦至春节前后为集中供应期，在选择品种时，首先要考虑果形、颜色等外观品质符合目标市场的要求，既要销售顺畅，又要售得高价；其次是耐低温、耐弱光、抗病性强，植株开张度小，果实发育快、着色好；三是品种自身有较强的自我修复能力，受不良环境的影响相对较小，容易获得高产。

为充分利用土地，延长茄子采收期，实现高产高效，该茬茄子还可采取主副行栽培模式，主行作长期栽培，副行作短期栽培。

主行长期栽培的品种以中晚熟为主，个别情况下可选用某些早熟品种。目前认为较好的圆茄品种有天津快圆茄、北京丰研 1

号、豫茄 2 号、南京紫圆茄等；卵圆茄品种有西安绿茄、济丰 3 号、新乡糙青茄、荷兰瑞马等；长茄品种有沈茄 3 号、美引长茄、安德烈、黑亮早茄 1 号等。

副行短期栽培宜选用早熟品种，如济南早小长茄、德州火茄、辽茄 1 号、杂交紫长茄、承德水茄、保定四叶茄等。

（二）嫁接育苗

茄子嫁接栽培不仅高产、高效，而且可有效预防茄子枯萎病、黄萎病、青枯病等土传病害。嫁接育苗的大致步骤如下：

一是砧木选择。砧木可选用托鲁巴姆，该品种耐低温，嫁接亲和性和生长势较强，增产效果明显。

二是播前准备。托鲁巴姆应提前 20～25 天播种，每 666.7 米² 用种 10～15 克。播种前，用 100～200 微升/升的赤霉素溶液浸泡种子 24 小时，然后用清水投洗干净进行催芽。白天温度保持在 28～32℃，夜间 18～20℃，每天翻动 1 次并用清水投洗，4～5 天开始出芽，当 50％种子露白出芽后，拌上适量细沙即可播种。

三是配置育苗土。苗床应用田园土、腐熟有机肥按 6：4 比例配制，并按每立方米营养土加 50％多菌灵可湿性粉剂 100 克混合均匀，按所需苗床面积铺 10 厘米厚营养土，整平待用。

四是适时播种。砧木使用营养钵育苗，将催好芽的砧木种子直接播在营养钵中，砧木开始出苗时，将接穗种子播入苗床，并覆盖地膜保温保湿。此茬茄子育苗正值高温多雨季节，应搭设小拱棚和荫棚。出苗期间苗床注意保温、保湿，白天 25～30℃，夜间 18～20℃；出苗后白天 25～28℃，夜间 16～20℃。

五是嫁接及接后管理。9 月中旬前后，当砧木和接穗长到 5～7 片真叶时为嫁接适期，一般采用劈接法。从砧木基部向上数，留 2 片真叶，用刀片横断茎部，然后由切口处沿茎中合线向下劈一个深 1 厘米的切口；再选粗度与砧木相近的接穗苗，从顶部向下数，在第 2 片真叶下方下刀，把茎削成两个斜面长 1 厘米的楔形，将其插入砧木的切口中，要注意对齐接穗和砧木的表皮，用嫁接夹夹好，然后浇透水，放在遮荫的小拱棚内，注意不要把水浇到切口以上，以防染病。嫁接后要高温高湿促进伤口愈合。前 5 天内要求遮光，控制温度白天 25～28℃，夜间 18～20℃，湿度为 90％～95％。5 天后逐渐降低湿度，苗子要适当见光、通风。10 天后去掉小拱棚，拿掉嫁接夹，转入正常茄子栽培管理。砧木的生长势极强，嫁接接口下面经常萌发出枝条，要及时抹去，以免消耗营养。

（三）施肥、整地、作畦

定植前 10～15 天，可密闭温室 1 周进行高温闷棚，杀死土壤中的病菌与虫卵。

越冬茬栽培的生长期长，一定要比其他的栽培形式更多地施入基肥和化肥。一般每 666.7 米^2 施腐熟有机肥 10 000 千克、磷酸二铵 50 千克、硫酸钾 30 千克、尿素 15～20 千克。施肥时，将 2/3 作为底肥，整地前均匀撒施在地面，然后进行土壤深翻；1/3 作为沟肥，施入大小行或主副行的沟内，翻动沟土，使肥土混合均匀。

选用晚熟品种进行长期栽培时，宜采用大小行栽植方式。

选用主副行栽培时，主行距 100 厘米，两个主行的中间设置一个副行，主行栽植中晚熟品种，副行栽植早熟品种。

（四）定植

采用大小行栽植方式时，大行距 65～70 厘米，小行距 40～50 厘米，株距 35 厘米。

采用主副行栽植方式时，若用于短期栽培的早熟品种与用于长期栽培的中晚熟品种同时育苗，则早熟品种会提前达到适宜定植的生理苗龄。在这种情况下，就要先行定植副行，株距 25～

30 厘米；待中晚熟品种达到苗龄时，再定植主行，株距一般为 45～50 厘米。

定植时覆土不可超过嫁接口，否则茄子长出不定根，就失去了嫁接的作用。定植后及时浇水并覆盖地膜。

（五）温度管理

与其他栽培方式相比，日光温室越冬一大茬茄子定植后的温度管理难度要大一些，生产上应引起足够重视。

定植后至缓苗期温度要高，温室要密闭不放风，白天保持在 28～30℃，夜间不低于 15℃，地温保持在 20℃左右，有利于茄子迅速扎根；经 3～4 天缓苗后，温度要降下来，白天温度控制在 24～26℃，夜间 15～18℃。门茄坐果后，白天保持 25～27℃，夜间 14～16℃，加大昼夜温差。当外界气温降至 15℃时，棚上加盖草帘。

为了更有利于光合作用的进行、加快光合产物的运转及降低呼吸消耗，一天之中，可采取分段温度管理模式，将温度管理分为上午、下午、前半夜、后半夜四个阶段。果实始收前，晴天上午 25～30℃，下午 28～20℃，前半夜 20～13℃，后半夜 13～10℃；果实采收期，晴天上午 26～31℃，下午 30～24℃，前半夜 24～18℃，后半夜 18～15℃。阴天时，白天不超过 20℃，夜间 10～13℃。

日光温室越冬一大茬茄子要经历较漫长的冬季，光照时间短，光照强度弱，温度管理的难度非常大，尤其在不加温的温室内更是难以将温度控制在理想的指标范围之内。因此，温度管理应从低掌握，切不可在天气好时盲目将室温放高。而当遇到阴雨、雪天时，必须及时采取保温、增温措施，保证最低气温不低于 8℃，争取地温保持在 18℃以上。若遇恶劣天气，应及时采取补温措施，但是补温应以温度不低于各阶段的温度下限为宜，而不必将温度补到很高，如果将温度补得过高，在没有光照的情况下，会过度消耗植株内的养分，对安全度过低温寡照期不利。严冬过后，春季到来，光照时间越来越长，光照强度越来越大，温度也越来越高，气候条件越来越适合茄子的生长，应逐渐提高管理温度，进而转入正常的温度管理。

（六）肥水管理

定植水浇足后，门茄坐果前可不浇水，门茄瞪眼后开始浇水，每 666.7 米^2 随水追尿素 20 千克或三元复合肥 25 千克。冬季一般不浇大水，干旱时在膜下小行内浇暗水，并视生产和需肥情况进行浇水和追肥。进入 3 月份以后，外界气温升高，室内温度达到 18℃以上时，加大浇水量，每 7～10 天浇 1 次，注意灌水后要加大通风，排除湿气。

（七）植株调整

当植株长到 1 米左右时，及时吊秧，以防倒伏或裂杈。门茄开花后，留花蕾下面的 1～2 片叶，将下面的叶片全部打掉。门茄采收后留对茄下 1～2 片叶，打掉下边的叶片，以此类推。日光温室一般采取双干摘心整枝法，当门茄瞪眼后，保留门茄下部叶片的腋芽，培养成 2 个结果枝。在每个着生果实的侧枝上，果上留 2 片叶摘心。生长过程中及时抹去砧木萌芽和其他腋芽。

（八）花果管理

花果管理的主要任务是保花保果。为提高坐果率，使果实迅速膨大，可使用 2,4-D 或防落素等保花激素处理花朵，其使用浓度可取适宜浓度的上限。由于茄子的花期容易感染灰霉、菌核等病菌而导致果实发生灰霉病、菌核病，在使用保花激素处理花朵时，可在药液中加入适量的杀菌剂，以有效防止早期灰霉病和菌核病。常用的药剂有甲基硫菌灵、乙霉威、速克灵、扑海因、多霉灵等。

（九）病虫害防治

日光温室越冬一大茬茄子要注意灰霉病、黄萎病、褐纹病及红蜘蛛、茶黄螨、白粉虱、潜叶蝇和蚜虫等病虫害的防治。

五、茄子的连年安全生产

日光温室茄子连年栽培即利用头茬茄子生产结束前或结束后的老株，将其地上部分剪去，促使主干中、下部的侧芽萌发，发育成新的侧枝，再次发棵长成新的植株，并开花结果的技术。其好处是一次育苗，一次栽植，多年生长，多年连续采收。

（一）常用的栽培形式

日光温室茄子连年栽培按再生枝在植株上的高低位置不同，分为中部再生和下部再生两种形式。

1. 中部再生 在植株的中部选留再生枝，再生枝的位置比较靠上，生长势较强，发棵早，生长快，同时，再生枝上的花蕾质量比较好，结果早，坐果率较高。另外，植株上部的光照条件比较好，有利于果实生长，果实品质比较优良。如果是进行本年度内的再生栽培，应选择该种再生形式。

2. 下部再生 在植株的下部选留再生枝，一般是从门茄下的主茎上选留再生枝。下部再生枝栽培空间比较大，栽培时间较长，易于获得高产。如果是通过再生技术进行连年栽培时，则应选择下部再生形式。

（二）品种选择

茄子连年栽培，应选用生长势旺盛，分枝性强，耐寒、抗病和商品性好的中晚熟品种，如紫阳长茄、济农长茄1号等。

（三）栽培管理

茄子连年栽培管理的核心是通过剪枝和剪枝后加强肥水供应等措施，促使已趋于衰弱的植株发生新壮芽，生成新侧枝，重新形成旺盛的植株，并连续几年维持结果盛期。

1. 整地施肥　每 666.7 米^2 施土杂肥 7 000 千克以上、磷肥及三元复合肥各 50 千克以上，深翻入土。

2. 及时修剪、移栽　一般春季生产结束后，不再留果，也不再整枝，使植株进行修养、复壮。8 月下旬至 9 月中旬，采用中部再生或下部再生方式，将茄子的老株枝条剪除。剪枝时，从主干距离地面 15～20 厘米位置处，将上部枝条剪掉。必须注意剪口下留足 2～3 个已萌发的嫩芽；如果下部暂时无萌发的嫩芽，应分两次剪枝，先从对茄处以上 10 厘米剪枝，待下部发出芽后，再进行第二次剪枝，否则，部分植株会因无法吸收和输送养分而干死。将剪下的枝条连同杂草等清理出温室，深埋或烧毁。

在原温室内连续栽培的，植株修剪后，为促其加快发生新芽，生长新侧枝，要及时进行中耕松土，培土施肥。先撤去上年的旧地膜，用锄头将栽培垄两侧和中间充分翻松 1 次，然后，在垄中间暗沟内，每 666.7 米^2 埋施优质农家肥 3 米^3、尿素 20～30千克、硫酸钾 10～15 千克，然后培土，形成 20 厘米高的栽培垄，并浇 1 次大水。

需要向新建温室内进行移栽的，植株修剪后即可移栽，采用大小行栽培法，大行距 80 厘米，小行距 40 厘米，株距 50 厘米，每 666.7 米^2 栽 2 500 株左右。移栽之后迅速浇 1 次小水，用地膜覆盖保温保湿，及时中耕松土。10 月中旬覆盖棚膜，11 月中旬即可陆续收获上市。

3. 苗期管理　侧芽萌发并逐渐长成小植株以后，适当降低温室内温度，白天 25℃ 开始通风，夜间可降至 15℃，如此维持7～10 天的炼苗时间。苗期茄子对氮肥要求很高，可随浇水每

666.7 米^{2}施入氮肥 20～30 千克，浇后及时中耕松土。苗期可喷施 2％的过磷酸钙溶液 1～2 次，注意氮、磷、钾配合适当，使养分平衡充足供应。

4. 整枝吊秧　在以上管理条件下，剪枝后 8～10 天腋芽可形成侧枝，此时，及时在垄上覆盖 1 层新地膜，并选留 1 条或 2～3 条粗壮侧枝进行开花结果。留 1 条侧枝时，将来分枝后仍按双干或三干整枝方式进行整枝。留 2～3 条侧枝的植株，每条侧枝即是 1 个结果枝干，多余的侧枝全部抹掉。

再生枝一般斜向上生长，应及早吊秧固定。另外，由于不同植株再生枝发生的时间早晚不同，植株的高度也不相同，应根据植株的生长情况及时调节植株的生长势，防止植株间高度差异过大，以保持田间生长整齐一致。

5. 肥水管理　植株修剪后 1 月左右，茄子就可开花结果。结果前期，浇水管理以控为主，少灌水，多松土，特别是门茄开花期间，土壤水分不能过高；当有 50％植株见果后，肥水齐供，每 5～10 天浇 1 次水，隔一水追 1 次肥，每次每 666.7 米^{2}冲施尿素 20～25 千克、磷酸二氢钾 5 千克，后期注意追施硫酸钾肥，还可叶面喷施磷酸二氢钾及糖醋液，防止植株早衰，其他管理同常规栽培管理措施。结果中期，选择晴天上午，隔沟轮换浇水。结果盛期，7～8 天浇 1 次水，每次每 666.7 米^{2}追施尿素 15 千克和硝酸钾或硫酸钾 6～7 千克，结合浇水冲施，后期还可喷0.5％的尿素叶面肥。

6. 温度管理　门茄坐果后，白天维持 28～30℃的室温 5 小时以上，下午温度降到 25℃以下时关闭通风口，夜间温度控制在 13～18℃。结果中期，浇水后密闭大棚，利用午间提高室温，使室内夜间气温不低于 15℃，白天温度维持在 25～30℃。当高于 32℃时，及时通风排湿，夜间温度控制在 15～18℃，昼夜温差在 10℃为宜。结果后期，可将大棚通风口及门窗薄膜全部卷起，当夜温不低于 15℃时不关通风口，昼夜通风，7 月份后可撒去温室顶部薄膜。

7. 花果管理及植株调整 花期用 2, 4 - D 或防落素等保花激素进行抹花处理。2, 4 - D 的使用浓度为 20～30 微升/升，只沾花梗或花心，不要把药液洒在叶片上。用防落素处理时，使用浓度为 40～50 微升/升，对花朵进行喷雾。

在门茄坐果前后，保留两个杈状分枝，及时抹除主茎上其他腋芽。结果中后期，及时整枝打杈，打掉基部老叶、黄叶。

8. 撤膜后的管理 再生茄子长势快、结果多、品质好、售价高、效益好。一般修剪后 40 天左右就可采收第一批再生茄子，应适时采收，可坚持每天或隔天采收 1 次。撤膜后，可连续采收茄子。撤膜后的主要任务是加强病虫害防治和雨季排水，使植株进行修养、复壮。直到 9 月下旬再剪去上部枝条，进入下一个再生循环，其管理方法与上年相同，这样可连续栽培 3～5 年。

日光温室茄子连年栽培虽然较省力，效益高，但在生产过程中，易发生连作障碍，病虫害较难控制。一般情况下，连茬前两年效益较好。黄萎病和青枯病发生严重的地块，或管理基础差、技术水平低时，不主张使用该项技术。

第五章

茄子安全生产的关键技术

第一节　嫁接栽培技术

茄子不宜重茬，通过嫁接换根，砧木对黄萎、枯萎、青枯、根结线虫等土传病害高抗或免疫。保护地茄子嫁接后外观颜色变深，着色均匀，单果重增加，明显改善商品性。此外，嫁接后茄子吸收水肥能力增强，生长迅速，提高了植株的抗逆性，产量明显增加。

一、嫁接苗定植

茄子嫁接后生长势强，产量提高，因此，定植前，要深翻地，施足肥料，并做好高畦或垄畦。由于嫁接茄子的根系发达，对土壤养分的利用率较高，基肥用量可酌情减少 $10\%\sim20\%$，速效氮肥也应适当减少；但是，嫁接茄子对镁的需求量较大，镁元素供应不足时易发生缺镁症，应在基肥中加入适量的镁肥。一般情况下，参考施肥量以每 666.7 米^2 施入优质有机肥 3 000 千克左右、磷酸二铵和硫酸钾各 30 千克左右为宜。

嫁接茄子应适当稀植，定植密度较自根苗减少 10% 左右。定植时，要注意不可埋住嫁接口，使嫁接刀口距地面 5 厘米以上，以免接穗感染土传病害。

二、嫁接苗定植后的管理

定植后及时去除砧木的萌芽，采用双干或三干整枝技术及时进行植株调整，并在茄子开花坐果前后摘掉嫁接夹子。保护地栽培应在开花时及时蘸花保果，其他栽培管理与普通茄子栽培相同。

三、嫁接茄子的多年再生栽培

嫁接茄子可以进行多年再生栽培。其方法是：秋季植株衰弱后，在嫁接刀口以上 3.3～6.7 厘米处半割（剪去上半部），然后对留下的接穗桩加强水肥管理，当接穗桩的萌芽长出后，选留 1～2 个壮枝，其余疏去，继续进行正常管理。

再生栽培可连续进行 3 年，若选用高产、抗病品种，配套其他综合措施，每年每 666.7 米^{2}产量可达 1.5 万千克。

第二节　无土栽培技术

茄子无土栽培是指不用天然土壤，而用营养液或基质来栽培茄子的方法，所需装置主要包括栽培容器、贮液容器、营养液输排管道和循环系统。其优点是：栽培地点不受土壤条件的限制，能避免土传病虫害及连作障碍；肥料利用率高，节约用水；作物长势强，产量高，产品清洁卫生；节省劳力，减轻劳动强度，有利于自动化和现代化管理。目前，茄子的无土栽培主要有无机营养无土栽培和有机营养无土栽培两大类。

一、无机营养无土栽培

茄子需要的营养主要来自各种无机盐的混合溶液。根据茄子定植后是否需要固体基质，无机营养无土栽培又可分为无基质栽培和基质栽培两种类型。

1. 无基质栽培 除育苗时采用固体基质外，定植后不用固体基质的栽培方法。依营养液供给方式不同分为营养液栽培和雾（气）栽培两类，其中营养液栽培又包括营养液膜法（NFT）、深液流法（DFT）、动态浮根法（DRF）和浮板毛管法（FCH）等方法。

营养液栽培是指茄子根系直接与营养液接触，不用基质的栽培方法。这种方式可以根据茄子不同的生长发育阶段，及时调整营养液的配方和浓度，营养元素均衡供给，易于实现高产。但是，该栽培法不仅投资大、成本高、技术性强，而且产品中的硝酸盐含量高，不符合绿色食品的要求，同时废弃液中的硝酸盐浓度也高，对环境污染严重。因此，该栽培法不符合现代蔬菜发展的要求，已逐渐被淘汰。

雾（气）栽培是将营养液压缩成气雾状而直接喷到茄子的根系上，根系悬挂于容器的空间内部。通常是用聚丙烯泡沫塑料板，其上按一定距离钻孔，于孔中栽培茄子。两块泡沫板斜搭成三角形，形成空间，供液管道在三角形空间内通过，向悬垂下来的根系上喷雾。一般每间隔 2～3 分钟喷雾几秒钟，营养液循环利用，同时保证茄子根系有充足的氧气。但此方法设备费用太高，需要消耗大量电能，且不能停电，没有缓冲的余地，目前还只限于科学研究应用，未进行大面积生产。

2. 基质栽培 基质栽培是无土栽培中推广面积最大的一种方式。目前世界上 90％以上的商业性无土栽培是选用基质栽培方式，我国大约 80％采用基质栽培。它是将茄子的根系固定在有机或无机的基质中，通过滴灌或细流灌溉的方法，供给茄子营养液。栽培基质可以装入塑料袋内，或铺于栽培沟或槽内。基质栽培的营养液是不循环的，称为开路系统，这可以避免病害通过营养液的循环而传播。

基质栽培缓冲能力强，不存在水分、养分与供氧之间的矛盾，且设备较营养液栽培和雾（气）栽培简单，甚至可不需要动力，投资少、成本低，生产中普遍采用。从我国现状出发，基质栽培是最有现实意义的一种方式。

（1）**基质性状要求** 用于茄子无土栽培的基质应是疏松透气、保水保肥并具有一定大小的固形物质，且取材方便，来源广泛，价格低廉，本身不含有害成分。基质的物理性状要好，总孔隙度为60％，容重为0.5克/厘米³，大、小孔隙比为1：2；基质的化学性状要稳定，不使营养液发生变化，pH以6～7为宜。为降低生产成本，基质栽培一茬茄子后，可以连续使用，但必须在使用前进行消毒。

（2）**基质种类** 用于茄子无土栽培的基质主要有无机基质和有机基质两大类。

①无机基质。主要有珍珠岩、蛭石、陶粒、岩棉、沙粒、聚苯乙烯泡沫、浮石、玻璃纤维等。

②有机基质。主要有锯末、泥炭、棉籽皮（菇渣）、甘蔗渣、炭化稻草、树皮、椰子壳纤维等。

（3）**基质消毒** 栽培基质消毒常用的方法有蒸汽消毒和化学药剂消毒两种。

①蒸汽消毒。可用消毒箱消毒，也可用塑料薄膜覆盖基质消毒。消毒时，用塑料管将蒸汽送入基质箱或基质堆内，保持温度70～90℃，密封1小时。

②化学药剂消毒。常用的药剂有福尔马林、氯化苦、溴甲烷等。一般采用熏蒸消毒法，将药剂均匀喷入基质内或打孔将药液灌入基质内，然后用塑料薄膜将基质堆覆盖严实，让药剂在基质堆内自由扩散，熏蒸7～10天。熏蒸结束后，摊开基质堆进行通风，使药剂完全散发，7～10天后填入栽培槽内。

（4）**基质混合** 基质可以单独使用，如陶粒、岩棉和沙粒等；也可将有机基质与无机基质混合或分层使用。混合基质可以综合各种基质的优点，有效解决单一基质存在的理化性状不良问题，使基质更利于茄子生长。如菇渣的氮、磷含量较高，不宜直接作为基质使用，应与泥炭、田园土或颗粒矿石等基质按一定的比例混合制成复合基质后来使用，混合时菇渣的比例不应超过60％。

两种基质混合时，其比例大致为，珍珠岩：蛭石＝1：1，蛭石：沙＝1：1，泥炭：珍珠岩＝1：1，泥炭：沙粒＝3：1，锯末：炉渣＝1：1，泥炭：树皮＝1：1。

三种基质混合时，其比例大致为，蛭石：锯末：炉渣＝1：1：1，蛭石：泥炭：炉渣＝1：1：1，泥炭：蛭石：珍珠岩＝2：1：1，泥炭：珍珠岩：树皮＝1：1：1。

栽培时，还应根据植株的大小、植株的体重等因素，来选择基质，并对基质进行消毒处理。

（5）基质栽培的方法　茄子基质栽培的方法较多，依基质的盛装方式不同，主要分为槽培法、袋培法和岩棉培法三种。

①槽培法。是指用栽培槽作栽培容器的无土栽培方式。

栽培槽是填放基质或营养液，用于栽培茄子的沟槽。依栽培槽的形状不同，一般将栽培槽分为平底槽、"V"形槽、"W"形槽和"⌒"底槽四种类型。

平底槽。平底槽的底部较平，营养液分布均匀，多用于营养液栽培。其他栽培槽的底部不平，营养液不均匀分布，主要用于固体基质栽培。

"V"形槽。"V"形槽通常在槽的下部平盖一片带有许多细孔的铁片、竹编或木板等，上铺一层编织袋，将槽一分为二，上方填放基质，下方为一排水和通气的沟，根系生长环境较好。

"W"形槽。"W"形槽的底中央扣盖一多孔的半圆形瓦，槽内多余的营养液或水集中于内而能够顺利排出槽外。

"⌒"底槽。"⌒"底槽的中部较高，两边低，多余的营养液或水集中到槽的两边排掉。

②袋培法。在一定规格的塑料薄膜袋内填充基质，将茄子栽种在基质袋上，用开放式滴灌法供液，简单实用。塑料袋一般选用厚 0.1～0.2 毫米的黑色、乳白色或黑白双色等不透明聚乙烯薄膜制成，严寒季节以黑色为好，高温季节以白色较宜。

茄子袋培常用枕头式袋培方式。栽培袋长 90～100 厘米、折径 35～40 厘米，袋内盛装基质后成枕头状，厚度 10 厘米以上。栽培时，在袋上切出两个 10 厘米直径的孔，每个孔内定植一棵茄苗，每个栽培袋栽种两株茄子，营养液或清水经过定植孔滴入栽培袋内。在袋的底部斜向排水沟一侧，切开几道长 1 厘米左右的小缝，作排水之用。

③岩棉培法。是将茄子种植于一定体积的岩棉块中，使其在岩棉中扎根，吸水吸肥，生长发育。通常将切成定型的岩棉块，用塑料薄膜包住，或装入塑料袋，制成枕头袋块状，称为岩棉种植垫。常用岩棉垫长 70～100 厘米，宽 15～30 厘米，高 7～10 厘米。放置岩棉垫，要稍向一面倾斜，并朝倾斜方向把包岩棉的塑料袋钻两三个排水孔，以便将多余的营养液排除，防止沤根。种植时，将岩棉种植垫的面上薄膜割 1 小穴，种入带育苗块的小苗，后将滴液管固定到小岩棉块上，待茄子根系扎入岩棉垫后，将滴管移置岩棉垫上，以保持根基部干燥，减少病害。

岩棉栽培宜以滴灌方式供液。按营养液利用方式不同，岩棉培可分为开放式岩棉培和循环式岩棉培两种。开放式岩棉培通过滴灌滴入岩棉种植垫内的营养液不循环利用，多余部分从垫底流出而排到室外。该方式设施结构简单，施工容易，造价低廉，营养液灌溉均匀，一旦水泵或供液系统发生故障，对作物生产影响较小，不会因营养液循环导致病害蔓延。目前我国岩棉栽培多以此种方式为主。但其也存在营养液消耗较多，废弃液会造成环境污染等问题；与此相反，循环式岩棉栽培可克服上述缺点，其营养液滴入岩棉后，多余营养液通过回流管道，流回地下集液池中循环使用，不会造成营养液浪费及环境污染。但其设计复杂，建设成本高，易传播根际病害，应因地制宜选用。

（6）栽培槽的制作　栽培槽有永久性和半永久性之分，前者用砖或水泥砌成，后者用木板做成。茄子无土栽培对栽培槽规格的一般要求为：槽的上口宽 20～50 厘米，栽培区部分的槽深 20 厘米以上，槽长 6～10 米，在槽的长度方向要有一定的坡降，以利于排水，坡降比例为 0.15：35。

营养液栽培所用槽的口宽可适当窄一些，以减少营养液的用量，降低生产成本。基质栽培的口宽应适当大一些，特别是有机营养无土栽培用槽的口宽应大一些，应不少于 40 厘米，以保证有足够的基质量，防止脱肥。

温室内进行茄子有机生态无土栽培可采用地上式基质栽培槽的形式。框架选用 24 厘米×12 厘米×5 厘米的标准红砖，槽内径为 48 厘米，槽深 20 厘米（地面上码 4 层砖），槽长与温室宽度一致，槽间距（内径）60 厘米，面北方向延长，北高南低，底部倾斜度 2～5 度，槽底中间开一条宽 20 厘米、深 10 厘米的"U"形槽，在槽间南端每两槽间挖一深 30 厘米、直径 30 厘米的小坑，以利排除过多积水，槽底及四壁铺 0.10 毫米厚的双层薄膜与土壤隔离，以防土传病害。槽间走道铺薄膜与土壤隔离，也可在槽间走道铺砖。栽培槽建好后，要求槽面保持平展，槽内放置栽培基质。

温室内进行茄子有机生态无土栽培还可采用半地下式基质栽培槽铺塑料膜的方式，规格与地上式基质栽培槽相同，底部处理也与地上式相同。不同之处在于栽培槽建在地下，上口与地面持平或略高。其优点是：地挖沟槽可以使栽培基质的温度较稳定，比地上或半地上永久性砖混结构的栽培槽，基质的昼夜温差要小得多，避免冬季夜间基质温度过低，对根系造成伤害。

（7）灌溉系统　无机营养无土栽培的灌溉系统一般由供液装置、输液管道以及滴液装置三部分组成。

①供液装置。其主要作用是使营养液具有一定的压力，包括

贮液池（罐）及其附属部分。地上贮液池（罐）一般高 1.0～
1.5 米，依靠自身的压力将营养液送入栽培床内。地下贮液池需
要配备水泵，从池中提取营养液并对营养液加压，将营养液由管
道送入栽培床内。

②输液管道。由主管和支管两部分组成。输液管道大多使用
不透光的黑色硬质塑料管，若用普通的无色塑料管，管内易生青
苔，堵塞滴头。

③滴液装置。指铺于栽培行间并将营养液滴入床内的装置，
分为硬质塑料管和软质塑料管带两种。

二、有机营养无土栽培

　　茄子需要的营养主要或全部来自有机肥。在茄子的整个栽培
过程中，只需要定期施入有机肥和浇清水，管理比较简单。"八
五"期间，中国农科院蔬菜花卉研究所无土栽培组经过几年的探
索，研究开发出了一种以高温消毒鸡粪为主，适量添加无机肥料
的配方施肥来代替化肥配制营养液的有机生态型无土栽培技术。
其优点是大幅度降低无土栽培设施系统的一次性投资，节约能源
和生产费用，操作简单，产品清洁卫生，可达无公害标准，对环
境无污染。

　　1. 有机肥料的选用　有机营养无土栽培宜选用养分含量丰
富、供肥强度大、不含有害成分的有机肥料，主要有饼肥、作物
秸秆、动物粪便等。

　　①饼肥　是油料的种子经榨油后剩下的残渣，这些残渣可直
接作肥料施用。饼肥的种类很多，其中主要的有豆饼、菜子饼、
麻子饼、棉子饼、花生饼、桐子饼、茶子饼等。饼肥的原料不
同，榨油的方法不同，各种养分的含量也不同。一般含水量
10％～13％，有机质 75％～86％，是含氮量比较多的有机肥料。

　　②作物秸秆　作物秸秆中含有大量的有机质和氮、磷、钾等

营养元素,秸秆收获后加入微生物制剂和其他辅助物料堆积发酵,在短时间内制成优质有机肥料。

③动物粪便 粪便中含有植物生长所需的大多数元素,包括氮、磷、钾和微量元素等,是植物的优良养分来源,是茄子有机营养无土栽培的良好肥源。据分析,猪粪含有全氮 2.91%,全磷 1.33%,全钾 1.0%,有机质 77.0%;鸡粪中含有全氮 2.82%,全磷 1.22%,全钾 1.4%,有机质 68.3%。除人粪尿、家畜粪尿、禽粪外,蚕沙、海鸟粪、蚯蚓粪等也是优良的有机肥料。

有机肥料中的养分有两个可贵的特点:一是因为有机质阳离子代换量大,所以许多肥分不易流失;二是这种吸着的养分,很容易分解被植物吸收利用。例如,猪粪中易被吸收的速效氮占全氮的 23%,速效磷占全磷的 24%,速效钾占全钾的 73%;鸡粪中速效氮占全氮的 48.8%,速效磷占全磷的 51%,速效钾占全钾的 40%。此外,有机肥还含有多种微量元素,如畜禽粪中含硼 21.7~24.0 毫克/千克,锌 29~290 毫克/千克,锰 143~261 毫克/千克,钼 3.0~4.2 毫克/千克,有效铁 29~290 毫克/千克。

2. 有机肥料的处理 有机肥料施用前应经过发酵腐熟、干燥、筛选、包装等处理。有机肥可单独加工,也可混合发酵、加工。

①发酵腐熟。将有机肥堆成高 1.5~2 米的堆,然后用塑料薄膜覆盖严实或用泥土抹严实,保温和防雨淋。秸秆堆积时,要适当泼浇动物粪水,以促进分解。鸡粪堆积时其含水量应在 60%~65% 之间,发酵时堆温会上升到 65℃,然后逐渐下降,在这个过程中,大型鸡粪发酵场要用机械搅拌,小型发酵场则用人工翻堆,使各部位的鸡粪均匀发酵。当粪发酵到"黑、烂、臭"时,停止发酵,此时鸡粪含水量为 50% 左右。这个过程夏天需 15~30 天,冬天则需要较长的时间。

②干燥处理。腐熟好的有机肥应及早干燥处理，降低含水量，以便于贮存和用于追肥。同时，有机肥干燥后，含水量减少，也不易滋生杂菌。有机肥干燥处理主要有晒干和烘干两种方法。晒干法是将有机肥直接摊放到阳光下暴晒，干燥速度慢，需要的时间比较长，同时受天气影响也比较大；烘干法是用专用烘干机械烘干有机肥，该法不受天气影响，速度快，烘干的质量也比较好。

③粉碎过筛。烘干后的有机肥要粉碎过筛，使颗粒大小均匀，不含有石块、土块等大的杂物。有机肥粉碎后施用，一是有利于均匀施肥，提高施肥的质量；二是有利于养分向土壤中扩散，便于吸收利用，提高肥效。

3. 栽培基质的配制 茄子有机营养无土栽培的基质原料资源丰富易得，处理加工简单，可就地取材，如玉米、向日葵的秸秆，农产品加工后的废弃物如椰壳、蔗渣、酒糟，木材加工后的副产品如锯末、树皮、刨花等，都可按一定配比混合后使用。为了调整基质的物理性能，可加入一定量的无机物质，加入量依需要而定。有机物与无机物之比按体积计可自 2：8 至 8：2，混合后的基质容重约 0.30～0.65 克/厘米³，每立方米基质可供净栽培面积 9～6 米²（栽培基质的厚度为 11～16 厘米）。常用的混合基质有 4：6 的草炭、炉渣，5：5 的河沙、椰壳，5：2：3 的葵花秆、炉渣和锯末，7：3 的草炭、珍珠岩等。栽培基质的更新年限因栽培作物不同约为 3～5 年。含有葵花秆、锯末、玉米秆的混合基质，由于在作物栽培过程中基质本身的分解速度较快，所以每种植一茬茄子，均应补充一些新的混合基质，以补充基质量的不足。

有机基质在栽培前两月准备，温度低时在温室内发料，温度高时在开阔的场地发料。

4. 栽培设施系统的建造 茄子有机营养无土栽培的栽培设施主要包括栽培槽及供水系统。

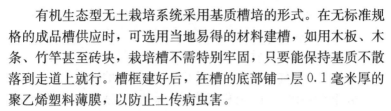

有机生态型无土栽培系统采用基质槽培的形式。在无标准规格的成品槽供应时，可选用当地易得的材料建槽，如用木板、木条、竹竿甚至砖块，栽培槽不需特别牢固，只要能保持基质不散落到走道上就行。槽框建好后，在槽的底部铺一层 0.1 毫米厚的聚乙烯塑料薄膜，以防止土传病虫害。

在有自来水基础设施或水位差 1 米以上储水池的条件下，按单个棚室建成独立的供水系统。除管道用金属管外，其他器材均可用塑料制品以节省资金。

5. 合理施肥 施肥前，要先行进行施肥量计算，按比例混合均匀，再分基肥、追肥施入。

①施肥量计算。茄子有机营养无土栽培的肥料供应量以氮、磷、钾三要素为主要指标，每立方米基质所施用的肥料内应含有：全氮（N）1.5～2.0 千克、全磷（P_2O_5）0.5～0.8 千克、全钾（K_2O）0.8～2.4 千克。

这一施肥水平能够满足一茬中上产量水平茄子的营养需求。具体生产中，由于使用的有机肥或混合肥的种类不同，其养分含量也不同，需要进行相应的计算，来确定适宜的施肥量。

②肥料混合。为解决有机肥供肥强度低的问题，目前生产上一般采取有机肥与无机化肥或精细有机肥与一般有机肥混合施肥等方法，为茄子均衡提供营养。有机肥与化肥的参考混合比例为 10∶1～2，饼肥与普通有机肥的混合比例为 1∶3～5。

③基肥。基肥的施入量一般占总施肥量的 25% 左右。茄子的参考基肥用量为：每立方米基质中，混入 10 千克消毒鸡粪、1 千克优质复合肥。这一施肥水平一般可保证茄子定植后 20 天内的生长需肥供应。

④追肥。追肥的用肥量占总用肥量的 75% 左右。一般每隔 10～15 天追一次肥。适宜的追肥量为：肥料中全氮量 80～150 克、全磷（五氧化二磷）30～50 克、全钾（氧化钾）50～180 克。追肥时，一边揭开地膜，将肥料均匀撒到植株的根系附近，

离开根茎 5～10 厘米远，然后将地膜重新盖好。下次追肥时，从另一边揭开地膜，将肥料施到植株的另一边。施肥后，浅松表层基质，将肥料混入基质中，增加肥料与茄子根系的接触面积，既减少有机肥中氨气的挥发，又利于根系对养分的吸收。

6. 科学灌水　茄子有机营养无土栽培一般采用滴灌法浇水，并且只浇清水。定植前浇透水，使基质和有机肥充分吸水湿透。以后每次的浇水量以达到基质最大持水量的 90％为宜，尽量不要浇透水，以减少基质的养分随水流失。

栽培期间要视天气情况及茄子的生长情况进行浇水，始终保持栽培基质中的含水量在 70％以上，即基质表面见湿不见干。

第三节　平衡施肥技术

茄子产量的高低、品质的优劣在很大程度上取决于营养供应是否适量、平衡。配方施肥是以肥料田间试验和土壤测试为基础，根据茄子需肥规律、土壤供肥性能和肥料效应，在合理施用有机肥料的基础上，提出氮、磷、钾及中、微量元素等肥料的施肥方案，并依据方案确定的施用品种、数量、施肥时期和施用方法，科学合理地进行施肥。

一、平衡施肥的重要性

茄子在生长发育过程中需要吸收碳、氢、氧、氮、磷、钾、钙、镁、硫、锌、硼、铁、铜、钼、锰、氯、硅 17 种营养元素。如果某种营养元素缺乏，就会引起缺素症或营养障碍，进而影响产量和质量。

茄子缺氮时，光合作用受影响，碳素的同化能力降低，植株生长明显受抑制，叶色变淡，老叶黄化，严重时干枯脱落，花蕾停止发育并变黄，心叶变小，产量低；缺磷时，茎秆细长，纤维发达，花芽分化和结果期延长，叶片变小，颜色变深，叶脉发红；缺钾时，初期心叶变小，生长慢，叶色变淡；后期叶脉间失绿，出现黄白色斑块，叶尖叶缘渐干枯；缺钙时，根系发育受抑，植株生长缓慢，生长点畸形，幼叶叶缘失绿，叶片的网状叶脉变褐，呈铁锈状叶；缺镁时，叶脉附近特别是主叶脉附近变黄，叶片失绿，果实变小，发育不良；缺硫时，叶色淡绿，严重时叶色黄白，寿命短，茎细长，开花结实迟延，果实少，品质差；缺铁时，幼叶和新叶呈黄白色，叶脉残留绿色；缺硼时，自顶叶黄化、凋萎，顶端茎及叶柄折断，内部变黑，茎上有木栓状龟裂；缺锌时，叶小呈丛生状，新叶上发生黄斑，逐渐向叶缘发展，致全叶黄化；缺锰时，新叶脉间呈黄绿色，不久变褐色，叶脉仍为绿色；茄子缺钼时，从果实膨大时开始，叶脉间发生黄斑，叶缘向内侧卷曲；缺硅首先是生长点停止生长，新叶畸形而小，下部新叶出现坏死，并向上发展，坏死斑扩大，叶脉仍保持绿色，叶肉变褐，下位叶片枯死，花药退化，花粉败育，开花而不受精，坐果率降低，影响产量。

在这些必需营养元素中，碳、氢、氧分别以二氧化碳、水和氧气的形式供应，其他营养元素主要通过根系从土壤溶液中吸收获得，一少部分通过叶面吸收获得。

在茄子栽培中，施肥是决定产量和质量的关键环节。在不了解茄子所需营养的比例及施用量、土壤（基质）养分含量、施肥技术的情况下，往往会出现盲目施肥、过量施肥现象，导致营养元素失调、产量和质量下降、肥害及土壤积盐等日趋严重。进入21世纪以来，人们对农产品质量安全日益重视，平衡施肥已成为保证茄子生产安全的一项关键技术。

平衡施肥主要有五大好处：第一，通过测土，做到缺啥补啥，缺多少补多少，提高肥料利用率，避免肥料浪费，减少投资；第二，养分供应协调，茄子抗病能力提高，改善茄子品质；第三，提高茄子产量，增加收入；第四，减少肥料施用量，减轻肥料污染，保护生态环境；五是与其他措施配合，实现茄子安全生产。

二、茄子的需肥特点

茄子是喜肥作物，土壤状况和施肥水平对茄子的坐果率影响较大。一般生产 1000 千克茄子需纯氮 2.6～3.2 千克、五氧化二磷 0.7～1.0 千克、氧化钾 3.1～5.5 千克，其比例约为 1：0.3：1.5。每 666.7 米² 产茄子 2 500～3 000 千克时，需纯氮 8～9.6 千克、五氧化二磷 2.4～2.8 千克、氧化钾 11.2～13.5 千克；666.7 米² 产量在 4 000～5 000 千克时，需纯氮 12.8～16 千克、五氧化二磷 3.8～4.7 千克、氧化钾 18～22.5 千克。

在营养条件好时，落花少，营养不良会使短柱花增加，花器发育不良，不宜坐果。此外营养状况还影响开花的位置，营养充足时，开花部位的枝条可展开 4～5 片叶，营养不良时，展开的叶片很少，落花增多。茄子对氮、磷、钾的吸收量，随着生育期的延长而增加。苗期氮、磷、钾三要素的吸收仅为其总量的 0.05％、0.07％、0.09％。开花初期吸收量逐渐增加，到盛果期至末果期养分的吸收量约占全期的 90％ 以上，其中盛果期占 2/3 左右。各生育期对养分的要求不同，生育初期的肥料主要是促进植株的营养生长，随着生育期的进展，养分向花和果实的输送量增加。在盛花期，氮和钾的吸收量显著增加，这个时期如果氮素不足，花发育不良，短柱花增多，产量降低。

三、平衡施肥的步骤

（一）对施用的肥料进行检测化验

只有检测结果与包装袋上的标明量完全相符的合格肥料才可以施用。

（二）土壤养分化验

要委托具有土壤肥料常规检测能力、经过计量认证的检验机构化验土壤，以保证监测数据的真实性、可靠性。

（三）施肥量计算

根据土壤养分测定结果，依据茄子的需肥规律，结合土壤性质、肥料种类、养分利用率等进行施肥量计算，确定施肥比例，缺啥施啥，哪种养分过剩则少用或者干脆不用，避免造成肥料浪费。计算公式如下：①施用单质肥料。某种养分的施肥量＝（目标产量需肥量－土壤供肥量）÷肥料养分含量÷肥料利用率。②施用复合（混）肥。由于复混肥比例固定，难以同时满足茄子对各种养分的需求，因此，需添加单元肥料加以补充。一般先计算肥料中含量最少的那种元素的施用量，以此为基数计算其他元素的增补量，增补施肥数量＝（推荐施肥量－最少元素的施肥量）÷准备施入化肥的有效含量÷该种肥料的利用率。

（四）合理施肥

生产上，应依据茄子的不同生长发育阶段施肥。

1. 育苗肥　茄子苗期对营养土质量的要求较高，只有在质量高的营养土上才能培养出节间短、茎粗壮和根系发达的壮苗。一般要求在 11 平方米的育苗床上，施入腐熟过筛有机肥 200 千克、过磷酸钙 5 千克、硫酸钾 1.5 千克，将床土与有机肥和化肥混匀。如果用营养土育苗，可在菜园土中等量地加入由 4/5 腐熟马粪与 1/5 腐熟人粪干混合而成的有机肥。如果遇到低温或土壤供肥不足，可喷施 0.3%～0.5% 的尿素水溶液。

2. 基肥　茄子容易感染黄萎病，栽培茄子的保护地应避免重茬。如果隔茬时间较短，一定要进行保护地消毒。按保护地内空间计算，每立方米用硫磺 4.0 克、80% 敌敌畏 0.1 克、锯末

8.0克混合均匀后点燃，封闭24小时后再放风。消毒后的保护地每666.7米^{2}施入5 000～6 000千克腐熟的有机肥，再加25～35千克的过磷酸钙和15～20千克硫酸钾，将肥料均匀地撒在土壤表面，并结合翻地均匀地耙入耕层土壤。

3. 追肥 茄子定植前每666.7米^{2}施有机肥5 000千克、磷肥25～35千克。茄子的一生，结果期很长，需要多次追肥。茄子吸收养分量在盛花期后迅速增加，所以追肥的重点时期是门茄瞪眼到四门斗收获。当"门茄"达到"瞪眼期"（花受精后子房膨大露出花萼时），果实开始迅速生长，此时进行第一次追肥。每666.7米^{2}施纯氮4～5千克（尿素9～11千克或硫酸铵20～25千克），当"对茄"果实膨大时进行第二次追肥，"面斗"开始发育时，是茄子需肥的高峰，进行第三次追肥。前三次的追肥量相同，以后的追肥量可减半，也可不施钾肥。

在平衡施肥过程中，既可以推荐适宜比例的复混（合）肥料，也可以在等比例复混（合）肥料的基础上配以单质的氮肥、磷肥、钾肥，或者是用单质肥料自行配合施用。需要注意，在茄子的生育后期最好不要追磷肥，以免促使果实中的种子发育、种皮硬化而降低茄子果实的商品价值。

四、平衡施肥应注意的问题

茄子通过根系从土壤溶液中吸收各种养分供生长发育之用。这些养分大多以离子形式被根系吸收，它们之间的相互作用对根系吸收养分的影响极其复杂，主要有养分离子间的拮抗作用和协同作用。了解营养元素之间的协同与拮抗关系，对于合理施肥具有很强的指导意义。

1. 拮抗作用 是指在土壤溶液中某种养分离子的存在，能抑制植物对另一种或多种养分离子的吸收。这对茄子吸收养分是不利的。生产上这样的例子很多，例如，在酸性土壤上氮肥施用不宜过多，否则会影响钙的吸收，氮浓度较高时，作物吸收钙离子就困难；在缺钾的砂性土上，氮肥与钾肥应配合施用，但钾肥施用一次不能过多，因为钾离子对钙、镁和铵的吸收也会产生拮抗作用。钾施多了，会引起植物缺钙、缺镁。此外，硝酸根离子与磷酸根离子之间的拮抗作用在生产上也是存在的。因此，施用硝态氮肥时，应重视增施磷肥。作物缺磷时，由于过量施用氮肥而诱发作物缺锌也是拮抗作用的典型例证。磷过多，会阻碍钾的吸收，使植株矮化，叶片和果实小，产量低。磷也能阻碍锌的吸收，引起缺锌，使生长点萎缩。磷过量会阻碍铜、铁的吸收，植株抗病性降低。钾过多，阻碍氮的吸收，抑制钙、镁的吸收，严重时引起叶色黄化。硼过多，会抑制氮、钾、钙的吸收。锰过多，抑制铁的吸收，并会诱发缺镁。锌过量会抑制锰的吸收，降低磷的有效性。钾、钙、氮、磷某一种元素过剩，影响锌的吸收。镁和钾具有显著的互抑作用，镁过多，秆细果小，易滋生真菌性病害。

2. 协同作用　是指某种养分离子的存在，能促进根系对另一些养分离子的吸收。这对作物吸收养分是有利的。阴离子对氧离子的吸收一般都具有协同作用，如氮肥与钾肥配合施用即是一例。磷能促进作物体内碳水化合物的运输，有利于氨基酸的合成，氨基酸进一步合成蛋白质。总之，了解营养元素之间的相互作用，通过合理施肥的措施，充分利用离子间的协同作用，避免出现拮抗作用，就能达到增产的目的。磷和镁有协助吸收关系，施磷能够促进植株对镁元素的吸收，而镁是叶绿素的主要组分之一，镁营养充足，则光合作用强盛，叶色黑绿。钾能促进硼的吸收，使果实丰满充实；钾能协助铁、锰的吸收，使植株叶片保持绿色。钙和镁有互助吸收作用，可使果实早熟，硬度好，耐贮运。钙过多，会阻抑氮、钾、镁的吸收，使新叶焦边，秆细弱，叶色变淡，镁可以消除钙的毒害。硼可以促进钙的吸收，增强钙在植株体内的移动性。锰对氮、钾、铜有互助吸收的作用。适量的铜供应，能促进锰锌的吸收。镁和磷具有很强的互助依存吸收作用，可使植株生长旺盛，雌花增多，并有助于硅的吸收，增强作物的抗病性和抗逆性。

五、平衡施肥应遵循的原则

茄子平衡施肥应遵循三个原则。

1. 有机肥与化肥配合施用的原则　有机肥具备养分全面、改良土壤、改善作物品质、提高土壤肥力、增强茄子抗逆能力等优点，而化肥具有养分含量高、肥效快、施用方便等优点。所以，茄子生产过程中，要在施用有机肥的基础上，通过土壤养分化验检测，科学配合使用化学肥料，做到有机肥同化肥配合施用，相互取长补短，达到既获得较高的产量，又培肥地力，实现茄子高产、优质、高效、环保的目的。

2. 氮、磷、钾配合施用的原则　茄子以采收嫩果为食，氮对产量的影响特别明显，氮不足，植株矮小，发育不良。磷对花芽分化发育有很大影响，如磷不足，则花芽发育迟缓或不发育，或形成不能结实的花。钾对花芽的发育虽不密切，但如缺钾也会延迟花的形成。保护地栽培条件下，一般土壤养分含量难以满足其要求，必须靠施肥来解决，而且必须要氮、磷、钾配合施用，且比例要协调。

3. 氮、磷、钾同中微量元素配合施用的原则　茄子从土壤吸收的矿质营养元素除氮、磷、钾外，还有镁和钙等中微量元素。茄子缺镁，叶片主脉附近容易退绿变黄，一到采果期，镁吸收量增加，这时如镁不足，常发生落叶而影响产量；土壤过湿或氮、钾、钙过多，都会诱发缺镁症。果实表面或叶片网状叶脉褐变产生铁锈，通常是缺钙或肥料过多引起的锰过剩症，或者是亚硝酸气体引起的危害，这些都会影响同化作用而降低产量。所以，应把这两种微量元素肥料同氮、磷、钾配合施用。

第四节 保护地二氧化碳气体施肥技术

茄子除了对氮、磷、钾以及其他中微量元素和水分有需求之外，二氧化碳也是不可缺少的主要基础原料。大气中二氧化碳平均浓度一般为300～330毫克/升，变幅较小。在冬春设施茄子生产中，为了保温，设施经常处于密闭状态，缺少内外气体交换，二氧化碳得不到及时补充，浓度变幅较大。日出后，随着茄子光合作用的加速，设施内二氧化碳浓度急剧下降，有时会降至二氧化碳补偿点以下，二氧化碳处于亏缺状态，茄子几乎不能进行正常的光合作用，影响了茄子的生长发育，造成病害和减产。在此情况下，采用人工方法适量补充二氧化碳是一项必要的措施。补充二氧化碳后，可促进生长发育，提高产量，改善品质，提早上市。试验证明：补充二氧化碳一般可提高坐果率10%以上，提早上市7～10天，增加产量20%以上。所以，只要使用得当，就有比较明显的经济效益。

一、补充二氧化碳的常用方法

茄子保护地栽培补充二氧化碳的方法很多。随着科技的进步，补充二氧化碳的方法也在不断改进。常用的主要有以下几种：

1. 燃烧法 通过二氧化碳发生器燃烧煤、液化石油气、丙烷气、天然气、白煤油等产生二氧化碳。当前欧美国家的设施栽培以采用燃烧天然气增施二氧化碳较普遍，而日本较多地采用燃烧白煤油增施二氧化碳。

使用煤作为可燃物时，一定要选择含硫少的煤种，避免燃烧时产生的其他有害气体对茄子产生不利影响。

2. 化学反应法 即用酸和碳酸盐类发生化学反应产生二氧化碳。目前较多采用稀硫酸和碳酸氢铵，在简易的气肥发生装置内产生二氧化碳气体，通过管道将其施放于设施内。每 666.7 米²的标准大棚（容积约 1 300 米³）使用 2.5 千克碳酸氢铵可使二氧化碳浓度达 900 毫克/升左右。该法成本较低，二氧化碳浓度容易控制，目前在我国的设施栽培中运用较多。

3. 有机物发酵法　人、畜粪便、作物秸秆、杂草茎叶等进行发酵时产生二氧化碳气体，简单易行，成本低，但二氧化碳释放量不易调节控制，难以达到应有的浓度要求。

4. 纯气源法　生产酒精等化工产品时产生的副产品二氧化碳气体，以钢瓶压缩盛装，优点是气源较纯净、施用方便、效果快，易于控制用量及施用时间，但成本较高。

5. 施用颗粒有机生物气肥法　将颗粒有机生物气肥按一定间距均匀施入植株行间，施入深度为 3 厘米，每次每 666.7 米²约 10 千克，保持穴位土壤有一定水份，使其相对湿度在 80％左右，利用土壤微生物发酵产生二氧化碳，一次有效期长达 1 个月。该法无需二氧化碳发生装置，省工省力，使用较为简便，效果较好，是一种较有推广和使用价值的二氧化碳施肥新技术。

二、补充二氧化碳需注意的问题

1. 严格控制二氧化碳施用浓度　若二氧化碳浓度过高，会给茄子生长带来负面效应，如气孔开张度减小、蒸腾速度降低、叶温升高，导致叶片萎蔫。因此，要用二氧化碳浓度测量仪测定设施内二氧化碳浓度，做到合理施用，才能达到良好的施用效果。茄子的适宜浓度为 550～750 毫克/升。

2. 合理安排施用时间　一是根据不同的生育时期合理安排。从定植至开花，植株生长慢，二氧化碳需求量少，一般不施用二氧化碳，以防植株徒长；在开花坐果期施用二氧化碳，对减少落花落果、提高坐果率、促进果实生长具有明显作用。二是根据一天中不同的时间段合理安排。一天中，应在日出后不久施用二氧化碳，补充二氧化碳后，大棚需要密闭，减少二氧化碳外溢，提高肥效；中午设施内气温升高，需通风换气，应在通风前 0.5～1 小时停止施用。

3. 根据天气情况选择施用方法 传统二氧化碳补充方法（燃烧法、化学反应法、纯气源法），一般在晴天清晨施用，阴天不宜补充。

4. 加强配套栽培管理 茄子施用二氧化碳后，根系的吸收能力提高，生理机能改善，施肥量应适当增加，以防植株早衰，但应避免肥水过量，否则极易造成植株徒长。注意增施磷、钾肥，适当控制氮肥用量，还应注意激素点花保果，促进坐果，加强整枝打叶，改善通风透光，减少病害发生，平衡植株的营养生长和生殖生长。

5. 防止有害气体 应特别注意二氧化碳气体中混有的有害气体对茄子的毒害作用。

第五节 节水灌溉技术

节水灌溉是在充分利用天然降水满足作物对水的需求，尽量少用或不用人工灌溉补水的前提下，优化调配开发利用各种可利用于灌溉的水资源，减少田间输水过程中损失和田间灌水过程中的损失，提高灌溉水效率。节水灌溉不仅是农业现代化必不可少的组成部分，而且对缓解日益紧张的用水矛盾有着极其重要的战略意义。

一、节水灌溉的主要技术措施

节水灌溉技术措施包括以下几种：

1. 输水系统节水 主要是采取渠道防渗、低压管道输水等减少水的无效损耗。

2. 田间节水技术　主要是雨水集流、地面灌溉技术改进和提高（如沟灌、畦灌、波涌灌、膜上灌等）、喷灌、微灌、滴灌以及化学、农学、生物学等保水技术。

3. 水源优化调配　其中包括灌溉预报、灌区水量调配、节水灌溉制度（灌水定额、灌水次数、灌水时间、灌关键水等）、劣质水和污水的利用等。

二、节水灌溉的主要工程措施

目前，节水灌溉工程措施主要有渠道防渗、管道输水、喷灌、滴灌、膜上灌水、波涌灌溉、畦灌、沟灌等。

1. 渠道防渗技术　渠道输水仍是当今世界主要采用的输水手段，渠道防渗衬砌是提高渠系水利用率的主要措施，渠道防渗效果在很大程度上取决于衬砌材料，目前普遍采用的材料为刚性材料、土料和膜料三种，使用较多的是砼板防渗、塑料薄膜防渗。随着经济的发展和科学的进步，渠道衬砌逐步由单一材料向复合材料发展，梯形断面向弧形断面发展。

2. 管道输水技术　管道输水效率高，占地少，易管理。灌溉渠道管道化是发展趋势。尤其在田间渠道中采用管道输水发展很快，管材可用砼管、钢管、塑料管、陶管，以塑料管使用为多。

渠道防渗、管道输水这两项工程技术是提高输水效率的有效措施，是水泥、塑料高分子新材料在农田水利工程中大量应用的体现。工厂化生产预制混凝土防渗构件以及塑料管道管件，可加快施工进度，提高工程质量，还能减少渠道占地，减少清淤维护工作量，降低灌溉排水成本，美化农田环境，有利节水的普及，经济和社会效益显著。

3. 喷灌技术　喷灌是借助机械能的作用把水加压、雾化、喷洒在田间达到作物浇水的一种灌溉方式，是较为先进并可节水的灌水方法，在国内外已经得到普遍应用。喷灌由水泵、动力机械、管道及喷头组成，布置方式有固定、半固定式及移动式三种，而以半固定式采用较多。喷灌的优点很多，唯一的缺点是受风力影响较大。

4. 滴灌技术 滴灌是通过安排在管道上的滴头，将水准确地、均匀地缓慢地滴入作物根区的土壤中，达到灌溉的目的，它用水最少，节水效果最为显著。其优点是：灌水均匀，节水显著，能改善土壤的水热气状态，有利于作物生长，增产明显，适用于大棚、温室及经济作物。

喷灌和滴灌技术突破了传统地面灌溉方法的局限性，使灌溉质量不再受地形、土壤等条件的影响，灌水时间、灌水部位、灌水均匀度、灌水定额等能比较自如地控制，做到精确灌溉。它不但大幅度提高灌溉水利用率，还能更好地与机械化作业程度很高的现代农业相配合，代表了现代灌溉的发展趋势。

5. 波涌灌溉 波涌灌溉也称间歇灌溉，它是20世纪70年代由美国学者推出的一种地面灌水新技术，做法是先用较大流量把水推进一段距离，暂停灌水。间隔一定时间之后再次放水，如此断断续续，使水流呈波涌状推进，由于这种灌水方法水流推进速度快，土壤孔隙会自动关闭，在土壤表层形成一个薄封闭层，可大大减少深层渗漏，达到节水目的。

6. 膜上灌 膜上灌水技术是我国新疆科研人员在覆膜种植基础上探索出的一种灌水新方法，突出特点是可通过调整膜畦首尾的渗水孔数及孔的大小来调整膜畦首尾的灌水量，以获得较普通地面灌溉方法相对高的灌水均匀度，实现节水增产的目的。

7. 渗灌技术 是继喷灌、滴灌之后的又一节水灌溉技术。渗灌是一种地下微灌形式，在低压条件下，通过埋于作物根系活动层的灌水器（微孔渗灌管），根据作物的生长需水量定时定量地向土壤中渗水供给作物。

8. 畦灌技术 这是一种地面灌水技术，是在平整土地的基础上，用畦埂把灌溉土地分隔成一系列小畦。灌水时将水引进田后，在畦面上形成薄水层，沿畦长方向流动，借重力作用边流动边湿润土壤，一般畦田大小为宽 2～4 米，长 30～60 米，畦田通常沿地面坡降方向布置，如地面坡降大，土壤透水性弱，畦子可长些，反之则短些。

9. 沟灌技术　是在作物行间开沟，水由输水垄沟进入灌水沟后，边流动边渗透。沟底部分的土壤湿润是靠水的重力作用下渗，沟两侧及沟顶部分的土基本上是靠毛细管作用来湿润。沟灌用工较少，能保持表土疏松，不破坏土壤结构，并减少蒸发损失，肥料不易流失。

灌水沟一般为三角形断面，沟深 15 厘米，开口宽 20～30 厘米。

10. 微喷灌技术　微喷灌是在滴灌和喷灌的基础上逐步形成的、介于喷灌与滴灌之间的一种新的灌水技术。它是通过管道系统利用微喷头将低压水或化学药剂以微流量低压喷洒在枝叶上或地面上的一种灌水形式。微喷灌和滴灌的不同之处在于灌水器由滴头改为微喷头，滴头是靠自身结构消耗掉毛管的剩余压力，而微喷头则是用喷洒方式消耗能量，湿润面积比滴灌大，这样有利于消除含水饱和区，使水分能被土壤随时吸收，改善了根区通气条件。与普通的喷灌相比，它的工作压力低，射程小，只能喷洒土壤表面局部。一般安装在近地面处，不会喷洒到作物叶面，可以调节田间小气候，但在温室、大棚中使用可能会造成湿度增加，易发生病虫害，这是不如滴灌和渗灌的地方。

三、设施栽培常用的节水灌溉技术

设施栽培的节水灌溉技术主要有畦灌、沟灌、膜侧沟灌、膜上灌溉、膜下灌溉、软管灌水、微喷灌、滴灌、渗灌、滴灌与微喷灌结合、沟畦灌与微喷灌结合、渗灌与沟畦灌结合等。

第六章

茄子安全生产的绿色控害技术

茄子生长过程中，在生物或非生物因子的影响下，会发生一系列形态、生理和生化上的病理变化，阻碍其正常的生长发育进程，进而影响产量和品质。

第一节　生理性病害

茄子生理性病害是指生长发育过程中由于缺少某种营养元素、受不良环境条件影响或栽培不当，导致生理障碍而引起的异常生长现象。茄子在栽培过程中，生理性病害发生较为普遍，并且能诱发侵染性病害，导致茄子产量降低，品质下降。

一、生理性病害的常见类型

1. 畸形花与落花落果

（1）畸形花　正常的茄子花大而色深，花柱长，开花时雌蕊的柱头突出，高于雄蕊花药之上，柱头顶端边缘部位大，呈星状花，即长柱花。生产上有时遇到花朵小、颜色浅、花柱细、花柱短，开花时雌蕊柱头被雄蕊花药覆盖起来，形成短柱花或中柱花。当花柱太短，柱头低于花药开裂孔时，花粉则不易落到雌蕊柱头上，不易授粉，即使勉强授粉也易形成畸形花或花脱落。

茄子短柱花的产生与环境条件有关。栽培环境条件不适宜，如温度过高过低、光照与水分不足、营养不良及氮、磷、钾肥比例失调等，导致花发育不良，花朵小，花梗细，开花后雌蕊柱头低于雄蕊的花药，甚至被花药覆盖起来。短柱花一般不能正常授粉，不能正常结果，对产量影响很大。

（2）落花　茄子开花后 3～4 天，花从离层处脱落。茄子落花的原因很多。短柱花大多会脱落，即使不落也难以形成好的果实。离主茎远的弱分枝上的花，由于营养不良也易脱落。温度过高或过低、光照不足、肥料不足、水分过多或过少、病虫危害严重等都会影响花粉正常发芽，造成授粉、受精不良而落花。

（3）落果　露地早春茄子栽培的门茄易脱落。主要原因是：露地早春茄子定植时，外界气温低，茄子受精不良，发生低温性生理障碍，引起落果；灰霉病发生时，茄子花托和果实的尾部腐烂而引起落果；催果水浇得过早，使地温下降，引起落果；催果水浇得过多，形成积水，造成沤根，引起落果。

2. 畸形果　茄子畸形果主要表现为双身茄、无光泽果、裂果、僵果等。

（1）双身茄　多是由于植株营养过剩造成的。植株体内的养分除满足生长点的需要外，仍有过剩，使得细胞分裂过于旺盛，在花芽发育过程中，形成多心皮子房而产生畸形果。花芽发育期，遇到低温或生长调节剂使用浓度过大，也会形成多心皮畸形果实。

（2）无光泽果　多是由于果实发育的后期土壤干旱缺水或浇水不及时等原因引起。

（3）裂果　茄子果实形状不正，产生双子果或开裂，主要发生在门茄坐果期，开裂部位一般在花萼下端，为害较重。常见果裂和萼裂两种。果裂主要有两方面原因：一是幼果受到害虫为害或机械伤，使果实表皮增厚、变粗糙，而内部胎座组织仍继续发育，造成内外生长不平衡，导致果实开裂；二是在果实膨大过程中，土壤浇水不均匀，或干旱后突然下雨（浇水），果皮的生长速度不如胎座组织发育快而造成裂果。萼裂多是由生长调节剂浓度使用过大造成的。

（4）僵果　僵茄俗称"石茄"，是茄子开花后不能正常受精，单性结实就会发育成僵茄。日光温室冬春茬栽培的茄子生产初期，由于温度时常低于17℃，花粉发芽、伸长不良，不能完成受精，导致单性结实，易产生僵茄。生产后期，温室放风不及时或放风量不够，室内温度经常超过35℃时，短柱花增多，也是落花和产生僵茄的一个重要原因。在气候干燥、施肥过多、肥料浓度过高、水分供应不足时，植株同化作用降低，营养不足，也易出现僵茄。光照不足，摘叶过早、过多，温度过低或过高等也是产生僵茄的原因。

3. 着色不良　紫色茄子颜色为淡紫色或红紫色，严重的呈绿色，且大部分果实半边着色不好，影响上市期和商品价值。光照强度弱且时间不足是茄子着色不良的直接原因。尤其是早春栽培的茄子，果实膨大期正处于光线较弱的季节，塑料膜透过紫外线的能力差，茄子着色不好，如果此时遇到高温干燥或营养不良，着色更不好，且无光泽。此外，大棚薄膜灰尘多或经常附着水滴也会降低透光性，影响果实着色。

4. 果实日灼和烧叶

（1）日灼　主要危害果实，果实向阳面出现褪色发白的病变，逐渐扩大，呈白色或浅褐色，导致皮层变薄，组织坏死，干后呈革质状，以后容易引起腐生真菌侵染，出现黑色霉层，湿度大时，常引起细菌侵染而发生果腐。日灼大多是由于茄子果实暴露在阳光下导致果实局部过热引起，早晨果实上出现大量露珠，太阳照射后，露珠聚光吸热，可致果皮细胞灼伤，拱棚茄子"五一"撤棚后，气温逐渐升高，火热的中午，土壤水分不足，或雨后骤晴都可能导致果面温度过高。生产上密度不够，栽植过稀或管理不当易发病。

（2）烧叶　茄子育苗和大棚栽培有时发生烧叶，特别是上中部叶片易发病。发生叶烧病轻则叶尖或叶边缘变白，重则整个叶片变白或枯焦。烧叶主要是阳光过强或大棚放风不及时，造成大棚内光照过强，温度过高而形成的高温为害，棚内温度高，水分不足或土壤干燥会加重烧叶发生。

5. 弯曲芽 弯曲芽茄子的芽顶端发生弯曲，生长发育一时停滞，并在叶片上出现很浓的花青素。发病轻时，芽稍有弯曲；严重时，植株顶端生长停止。如果继续生长就会长出许多分枝。在低温、多氮时，硼素的吸收受到阻碍，或土壤缺硼时，或土壤当中大量施用钙、镁、石灰或钾肥时，都有可能发生弯曲芽现象。

6. 苦味茄 苦味茄产生的原因主要有：①品种因素。茄子本身含有一些特殊苦味物质。野生茄通常果实小、味苦，栽培驯化后苦味减轻，但仍有一定的含量。不同的品种中苦味物质的含量有一定的差异，其含量的多少某种程度上决定着茄子苦味的轻重。一般来说，绿色茄子高于紫色茄子，矮茄高于长茄。②环境因素。茄子果实中苦味物质的多少，很大程度上受外界环境的影响。保护地栽培是一种逆环境栽培，其创造的条件由于受当前生产水平的影响，很难达到茄子生长最佳环境。③嫁接砧木的影响。近年来为防止连作障碍，保护地栽培茄子时很多都已经采取了嫁接育苗。采用嫁接育苗，可以有效地防止连作障碍，但如果选用砧木不当，就会影响其品质，有时会加重茄子的苦味。④栽培措施失当。茄子属于果菜类，其生长需要完全肥料，特别是当其由营养生长转入生殖生长后，植株对部分矿质元素的需求量明显增加，此期若偏施氮肥，极易造成植株旺长而产生苦味。另外，茄子栽培过程中水分供应一定要及时，如缺乏水分供应，就会影响到植株正常的生理、生化活动，妨碍干物质的转化积累和有害物质的分解释放，导致果皮厚硬、果肉味苦，品质降低。

二、调控措施

1. 选用品种 根据栽培季节、茬口安排及栽培方式选用品种。

2. 培育壮苗 选择肥料充足的肥沃土壤育苗，冬季选用酿热温床或电热温床育苗，苗期温度白天控制在 25～30℃，夜间 18～20℃。苗龄 80 天左右（冬季），要求茎粗短，节间紧密，叶大叶厚，叶色深绿，须根多。

3. 合理密植 栽植不可过密，以保证茄子中下部透光。适当疏枝，但不宜疏枝过重，以使茎叶相互掩蔽，避免果实接受阳光直接照射。

4. 肥水管理得当 适时灌溉补充土壤水分，保持土壤适当的含水量，使植株水分循环处于正常状态。增施有机肥，配方施肥，均衡营养供应。

5. 光照调节 选用紫外线透过率较高的专用薄膜，注意要经常擦去棚膜上的灰尘，增强光照。

6. 正确使用生长调节剂 用植物生长调节剂处理茄花，可以有效地提高坐果率，防止落花、落果。常用的生长调节剂是 2，4-D 和番茄灵。2，4-D 的使用浓度为 0.02～0.03 微升/升，气温高时浓度取低值，气温低时浓度取高值。番茄灵的使用浓度为 0.035～0.05 微升/升。

第二节　连作障碍

在利用温室栽培茄子的过程中，经常会发生连作障碍。即在同一块土壤中连续种植茄子时，即使在正常的栽培管理条件下，也会出现生长变弱、产量降低、品质下降的现象。

一、连作障碍的不利影响

连作障碍对温室茄子产生的不利影响，一是由于连作障碍而引起茄子生长势变弱，生长发育速度延迟，病虫害逐年加重，产量降低，品质下降。二是由于茄子生长发育受阻，抗逆性降低，病虫害加重。生产者为了控制病虫危害，获得高产，大量使用化学农药，甚至是剧毒农药，这样使得农药残留超标，以致影响到人体健康。三是连作使得土壤的理化性状变劣，养分失衡，盐分积累。生产者为了获得高产，盲目超量施用化肥，尤其是氮素肥料，其结果不仅造成硝酸盐含量超标，而且还会加重对环境的污染，造成恶性循环。

二、温室茄子连作障碍形成的原因

温室茄子连作障碍是一种比较复杂的现象，其原因主要包括以下几点：

1. 土传病虫害加重　土传病虫害是连作障碍因子中最主要的因子。日本的伊东正（1987）认为，病害在连作障碍原因中约占85％左右。尽管在不同地区、不同温室条件下该比例存在差异，但其首要地位是肯定的。这是因为连作提供了根系病害赖以生存的寄主和繁殖的场所，导致土壤中病原拮抗菌的数量减少。温室土传病虫害的种类有很多，尤其是根结线虫病的危害性更大，因为茄子属于对线虫高度敏感的蔬菜。根结线虫主要侵染茄子的根系，受害后侧根膨大形成根结，须根增多，破坏根组织的正常分化和生理活动，消耗大量的同化产物，同时对根系造成伤害，使水分和养分运输不足，导致地上部生长瘦弱，叶片黄化，开花延迟，结果减少，且在干旱条件下极易萎蔫死亡。

2. 温室土壤理化性状变劣　连作土壤种植作物种类单一，而作物对营养和肥料的吸收具有选择性，因此多年连作以后势必造成土壤中养分的比例失调，尤其是一些微量元素缺乏。目前温室栽培过程中普遍存在超量施肥和不平衡施肥现象，也容易造成土壤养分失衡，破坏土壤的物理结构，带来酸化、板结等一系列问题。对温室土壤来讲，另外一个比较突出的问题是次生盐渍化

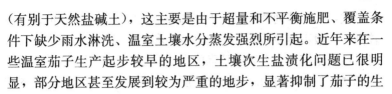

（有别于天然盐碱土），这主要是由于超量和不平衡施肥、覆盖条件下缺少雨水淋洗、温室土壤水分蒸发强烈所引起。近年来在一些温室茄子生产起步较早的地区，土壤次生盐渍化问题已很明显，部分地区甚至发展到较为严重的地步，显著抑制了茄子的生长发育。

3. 茄子的自毒作用　所谓自毒作用就是指茄子本身释放出的一些物质对下茬茄子生长产生抑制作用的现象。这些物质可以通过地上部淋溶、根系分泌、植物残体在土壤中分解等途径释放出来，它们对植物的光合作用、养分吸收等代谢活动产生重要影响。

三、温室茄子连作障碍的综合治理

温室茄子连作障碍是由多种因素综合作用的结果，只是不同时期、不同土壤条件下各种因素所造成的抑制程度不同。概括的说，根际微生态系统失调可能是连作障碍发生的主要原因。因此，协调茄子、土壤、微生物及其环境的关系应该成为解决问题的关键。对温室茄子连作障碍的治理应该贯彻以防为主、多措并举、综合治理的原则。

1. 土壤治理　一是合理轮作。合理轮作能够减少土壤中病原菌的数量，轮作的作物可以是蔬菜，也可以选择其他作物，如茄子和一些粮食作物（甜玉米等）轮作可以有效抑制土传病虫害的发生。二是增施有机肥和有机物料。有机物和有机物料富含各种养分和生理活性物质，能改善土壤物理结构，提高微生物活性，保持土壤肥力。适当用量的猪粪、鸡粪、稻草、豆秸、玉米秸秆等均可起到减轻和防御土壤盐分表聚的作用，能改善土壤的理化特性，促进连作茄子生长。但是要注意，在温室内长期大量使用动物粪肥、垃圾肥也可能会造成土壤酸化和表层盐分积累。三是土壤消毒。包括化学药剂消毒、蒸汽消毒、太阳能消毒等几种形式，化学药剂消毒易对人体和环境造成危害，蒸汽消毒成本较高，一般不容易做到。相比之下，利用高温季节将温室覆膜密封对室内土壤进行太阳能消毒的办法比较安全实用。四是施用新型肥料。新型肥料力求通过改变肥料本身的特性来提高肥料的利用率，并减少对环境的污染。目前比较热门的有缓释肥、控释肥和生物菌肥等产品，代表了 21 世纪肥料产业发展的方向。山东农业大学已研制出多种规格的茄果类蔬菜专用包膜控释肥，年产 1 000 吨的控释肥生产设备和厂房也已安装完成，将要投入生产。施用生物有机肥可减轻茄子连作障碍，既能改善土壤结构和理化特性，改进土壤养分状况，增进土壤肥力，又能增加土壤微生物总量，提高微生物活性。试验证明，EM 生物制剂与有机肥混用（日本琉球大学研究开发）可有效地减轻茄子连作障碍。

2. 嫁接栽培 嫁接的最初目的就是为了减轻和避免土传病害、克服连作障碍。以后，嫁接的目的和作用逐渐增多，包括增强抗病性、抗逆性和肥水吸收功能、促进生长发育、提早收获、提高产量等等。在温室茄子连作过程中，黄萎病、青枯病、根腐病等土壤传播病害为害较重，采用嫁接栽培是有效的防治措施之一。而且，嫁接后根系发达，植株生长健壮，改善了根部的生长条件，提高了对逆境的适应力，增强了对水分和矿质营养的吸收能力，对减轻连作障碍、促进生长、提高产量具有一定的效果。

实行嫁接栽培，选择砧木是关键。托鲁巴姆高抗青枯、黄萎、枯萎三种土传病害和线虫，抗重茬，嫁接亲和性好，根茎发达，长势旺盛，是嫁接茄子的适宜砧木。

3. 平衡施肥 根据茄子的需肥规律、土壤供肥能力，在施用有机肥的前提下，提出氮磷钾等主要元素的用量及比例，做到因地块合理计量施肥。在计算应施肥料数量时，必须确定合适的目标产量并考虑到当地条件下的肥料利用率。

4. 运用绿色植保技术 以生态控制为主，优先运用农业、物理、生物防治技术，减量使用化学农药，选用低毒高效低残留化学农药防治病虫害。生物防治，就是充分利用一些有益菌的寄生、杀灭或竞争作用减少土壤中病原菌的数量以及对根系的侵染，防止病害传播和蔓延。生物防治具有无毒无害、安全可靠的特点，是近年来国内外研究的热点，但有些产品在质量、效果及稳定性方面还需进一步验证。

5. 连作障碍的规避 无土栽培不用土壤，可以避免由其所带来的诸多弊端。我国无土栽培最早由山东农业大学于20世纪70年代初进行研究和开发，20多年来无土栽培得到迅速发展，目前全国总的栽培面积超过800公顷，并形成了适合不同地区自然、经济条件的设置形式，主要形式有基质滴灌栽培、营养液膜栽培和深液流栽培等。其中，基质栽培正向着低成本、易管理、环保型复合有机基质的方向发展，对有机废弃物的再利用可能成为未来的主要发展方向。代表性的无土栽培有中国农科院蔬菜花卉所研制开发的"有机生态型无土栽培"、山东省寿光市的"静止法无土栽培"等。

有机生态型无土栽培的独特之处是用有机固态肥取代传统的营养液，平时管理时只浇清水。有机固态肥以高温消毒鸡粪为主，并适量添加其它种类的有机肥或无机肥，以保持养分平衡。有机生态型无土栽培主要采用基质槽栽的形式，使用的基质类型很多，如草炭、蛭石、珍珠岩、炭化稻壳、椰子壳、棉籽壳、树皮、锯末、刨花、葵花秆、玉米秆、砂、砾石、陶粒、甘蔗渣、炉渣、酒糟、蘑菇渣等，生产者可根据当地的具体情况，选择适合本地区的基质。有些基质可单独使用，有些基质则可混合使用。常用的混合基质有：4份草炭：6份炉渣；5份砂：5份椰子壳；5份葵花秆：2份炉渣：3份锯末；7份草炭：3份珍珠岩；5份菇渣：5份炉渣等等。在基质填槽之前，首先将固态有机肥混于基质中。为保持养分的供应强度，在作物的整个生长期中，每隔一定天数再在基质表面追施一次固态肥。有机生态型无土栽培技术除了具备一般无土栽培的优点外，还具有一次性运转成本低、操作管理简单、排出液对环境无污染、产品品质好等特点，因而非常适合我国的国情，也便于向农民推广应用。

静止法无土栽培在山东省寿光市发展较快。这种无土栽培就是将茄子种植在不漏水的槽里，然后用配制的营养液滴灌。首先，在地上开出一个深27厘米，宽55厘米的沟作栽培槽，槽底水平，铺上塑料薄膜，填满基质，基质用蛭石或草炭加水洗砂为好，蛭石或草炭与水洗砂的配比为2：1。需要注意的是，在槽底的中央应留一条宽、深约5厘米的集液沟，用于聚集多余的水分；在栽培槽的南端东西向挖一条10厘米以上宽度的排水沟，底部深度要低于栽培槽，并与各栽培槽相连，以便排水防涝。营养液采用滴灌带供给，营养液的管理根据种植作物、生育时期和栽培季节进行相应调整。

第三节　侵染性病害及其防治

由微生物侵染而引起的病害称为侵染性病害，主要有猝倒病、立枯病、黄萎病、枯萎病、白粉病、绵疫病、菌核病、褐纹病、疫病、灰霉病、病毒病、青枯病、细菌性叶斑病等。

一、猝倒病

茄子猝倒病主要发生在育苗前期，种子发芽至出土前后均可染病。出土前染病造成烂种或烂芽；幼苗出土后染病，在胚茎部出现淡黄至黄褐色水浸状病斑，进而病斑绕茎一周，病部组织腐烂干枯缢缩，病斑自下而上继续扩展，子叶或幼叶尚未凋萎幼苗即倒伏于地，出现猝倒现象，然后萎蔫失水，呈线状干枯。在低温高湿条件下，病害发展极快，引起成片"倒苗"，"倒苗"处的地表长出一层棉絮状的白霉即致病菌。

该病是真菌病害，病菌以卵孢子在土壤里或以菌丝体形式在病残体上越冬，也可以种子传播。土壤湿度过大、温度过低、光照不足有利于发病，最适发病温度为 15～16℃。

目前，防治茄子猝倒病主要有以下措施：①选多年未种过茄果类等蔬菜的肥沃田土配制新床土。②选择易于通风、排湿的育苗场所。③播种时用多菌灵制成药土，下铺上盖。④加强苗床管理，避免因播种过密、间苗不及时、浇水量过多、苗床保温不良等因素造成的低温高湿的小气候条件，一旦发现床土过湿，可施一些草木灰降低湿度，控制病害蔓延。⑤发病前可喷施达科宁 500 倍液，或阿米西达 1 500 倍液喷雾进行预防；发病时，可用金雷多米尔或杀毒矾 400 倍液灌根治疗。

二、立枯病

该病在茄子苗期经常发生，小苗和大苗都发生。发病初期基部产生长圆形至椭圆形暗褐色病斑，明显凹陷，病斑横向扩展绕茎一周后病部出现缢缩，根部逐渐收缩干枯，初染病幼苗晴天中午萎蔫，晚上至翌晨恢复，以后不再恢复正常，并继续失水直至立枯而死。潮湿时病部长有稀疏的蛛网状霉层，呈淡褐色即致病菌。立枯病病苗大多数立着枯死，不倒伏，少数逐渐倒伏死亡，病部菌丝不明显。这是区别于猝倒病的根本特征。

立枯病是一种真菌性土传病害。病菌以菌丝体或菌核在土壤中或病残体上越冬，腐生性较强。一般在土中能存活 2～3 年，病菌经雨水、灌水和未腐熟的有机肥传播，只要湿度大，高温、低温均可发病，发病适温为 17～18℃，最高 40～42℃。

防治方法与猝倒病基本相同。主要是加强苗期管理，培育壮苗，提高幼苗的抗病能力。发病初期，用金雷多米尔或杀毒矾 400 倍液，或用 5%井冈霉素水剂 500～800 倍液灌根，隔 7～10 天再灌一次；适龄茄苗及时分苗，分苗后随即用安泰生 400～600 倍液，或 70%的代森锰锌可湿性粉剂 500 倍液，或 72%的

普力克水剂 800 倍液喷雾进行预防；发病初期，用阿米西达 1
500 倍液，或 5%白菌清可湿性粉剂 600 倍液，或 5%杀毒矾可
湿性粉剂 800 倍液喷雾治疗。

三、黄萎病

　　茄子黄萎病俗称凋萎病、半边疯、黑心病，是茄子的重要病
害之一。一般多在门茄坐果后开始发病。发病一般自下而上或自
一侧向全株发展，叶脉间变黄，叶片萎蔫，接着上部的叶片也逐
渐萎蔫。病初中午症状显著，早晚或阴天恢复近似正常，后期全
株或部分枝条的叶片黄枯脱落，严重的全株枯死。黄萎病症状常
常发生在半个叶片或半边植株上，再由半叶向全叶发展或植株一
侧向另一侧发展。剖开病株的根、茎、枝及叶柄等部位，可看到
维管束变成褐色。病株结的果又小又硬。

　　黄萎病是由真菌侵染造成的。病菌休眠菌丝体、厚垣孢子、
拟菌核随病残体在土壤中越冬，成为翌年的初侵染源，一般能在
土壤中存活 6~8 年。病菌主要从根部伤口侵入，也能从幼根的
表皮及根毛直接侵入，在植株的维管束内繁殖，扩展到茎、枝、
叶及果实。因此，带菌土壤是病菌的主要来源。病菌也能以菌丝
体和分生孢子在种子内越冬，并可随种子进行远距离传播，成为
无病区的病源。此外，施用带有病残体的堆肥也能传病。病菌在
田间主要靠风、雨、灌溉水、农具及农事操作等传播。气候条件
对病害的发生影响较大。气温在 19~24℃，土壤潮湿发病重，
土壤干旱、气温高发病轻，气温超过 38℃，病害受到抑制。

　　防治茄子黄萎病应采取综合措施。①最有效的预防方法是用
托鲁巴姆茄、CRP 作砧木进行嫁接换根。②选择抗病品种。一
般紫茄子品种比绿茄子品种抗病。③进行种子消毒。播前用多菌
灵浸种两小时或 55℃恒温水浸种 15 分钟，冷却后催芽。④培育
适龄壮苗，加强管理，创造适合茄子生长发育适宜的环境条件。

⑤实行轮作，4～5年不与茄类蔬菜连作。多施农家肥，土地深翻。⑥适时定植，多带土少伤根，栽苗不宜过深，定植后选晴天温度高时浇水，以免地温下降，加强中耕除草等田间管理。⑦药剂防治。可在整地时每666.7米^{2}撒施50％多菌灵可湿性粉剂3千克，耙入土中。也可在定植后用50％多菌灵可湿性粉剂或50％甲基托布津可湿性粉剂500～1 000倍液灌根，每株灌药液300毫升，连灌2次。也可用70％敌克松原粉500倍液灌根。

四、枯萎病

茄子枯萎病已经成为棚室茄子栽培的重要病害。该病常常伴随黄萎病同时发生。茄子枯萎病多在成株期发生。初期植株顶部叶片似缺水萎蔫，后萎蔫加重，由植株下部叶片开始变黄，发病严重时，整株叶片枯黄，枯黄叶不脱落，植株枯死。剖开茎部，可见维管束变成深褐色。枯萎病与黄萎病的区别在于前者叶脉变黄，后者叶脉间变黄。

枯萎病的病原为真菌，以菌丝体或厚垣孢子随病残体在土壤中越冬，种子也能带菌。菌丝体和孢子可在土壤中营腐生生活。病菌由根部伤口或幼根侵入，进入植株维管束中繁殖，堵塞导管，并产生镰刀菌样毒素，使叶片萎黄枯死。病土和带菌的粪肥均能传病。发病后，主要靠雨水流和灌水流传播。温度在25～28℃、土壤潮湿条件下易于发病。连作及定植时伤根、中耕时伤根、植株长势弱，发病较重。

防治茄子枯萎病的主要措施有：①嫁接。嫁接是防治枯萎病最有效的方法，可选用托鲁巴姆、CRP等野生茄子做砧木，防病率达90％以上。②选用无枯萎病原种子、培育适龄壮苗，能有效地预防本病发生。③进行与非茄类蔬菜3年以上轮作，定植后加强管理，促进植株健壮生长，提高抗病性。④发病初期及时用药剂防治。可用50％多菌灵可湿性粉剂500倍液，或70％甲基托布津可湿性粉剂 700～800 倍液，或 10％双效灵水剂 200 倍液，或 20％甲基立枯磷乳油 1 000 倍液，或 5％百菌清水剂 300 倍液灌根，每株用药液 500 毫升，每 7 天灌 1 次，连续灌2～3 次。药剂防治，在药效消失前不能采摘茄果，以防农药污染。

五、白粉病

茄子白粉病发生较重，有的地区已成为棚室茄子的重要病害。白粉病主要为害叶片，病叶多由中下部向上发展，刚发病时在叶片正、背面产生白色近圆形小粉斑，后逐渐扩大连片形成白粉状霉斑，进一步扩展可遍及整个叶片，叶面布满白粉，后期变成灰白色。抹掉白粉可见病部组织褪绿，后变黄干枯。发病严重时整个叶片枯死。

茄子白粉病是真菌病害，病原称蓼白粉菌，也称单丝壳白粉菌。病菌闭囊壳于病残体上越冬，成为翌年的初侵染源。发病后，病部产生大量分生孢子，借气流传播，使病害不断扩大蔓延，以致流行。在高温高湿或干旱环境条件下易发生，发病适温气温 20～25℃、相对湿度 25％～85％，但是以高湿条件下发病重。当茄子生长衰弱时，病情明显加重。

防治茄子白粉病的主要措施有：①种子消毒。温汤浸种或15％粉锈宁可湿性粉剂拌种后再播。②棚室用硫黄粉消毒。③高垄覆盖地膜，合理密植，及时整枝，改善株间通风透光条件，植株生长健壮发病较轻。④在定植前清除前茬残株杂草，以减少病源。⑤发病初期，摘除病叶，立即用药剂防治。药剂可用 43％好力克悬浮剂 3 000 倍液，或 10％世高 2 000 倍液，或 30％爱苗乳油 3 000 倍液，或 25％粉锈宁可湿性粉剂 1 000～1 500 倍液，或 20％粉锈宁乳油 1 500～2 000 倍液，或 75％百菌清可湿性粉剂 600 倍液，或 30％特富灵可湿性粉剂 1 500～2 000 倍液，或45％多硫悬浮剂 500 倍液，或 50％硫黄悬浮剂 250～300 倍液。

还可每 666.7 米²用 10％多百粉尘剂 1 千克。

六、绵疫病

绵疫病俗称"掉蛋"、"水烂"，茄子各生育阶段均可受害，是露地栽培茄子普遍发生的病害。该病发生时蔓延极为迅速，成片的果实腐烂脱落，造成严重损失。绵疫病主要为害果实、茎、叶、花器等，以近地面处果实发病最重。发病初期，病部出现水浸状圆形病斑，后逐渐扩大，可蔓延到整个果实。病部逐渐收缩、变软，表面出现皱纹，呈褐色或黄褐色，稍凹陷，内部果肉变黑腐烂。高湿条件下，病部常有白色霉层。病果一般在枝上不脱落，如果落到潮湿地面，全果很快腐烂，遍生白霉，最后干缩成为黑褐色的僵果。叶片受侵染后，形成不整齐的近圆形水浸状斑点。病斑在湿润条件下扩展很快，边缘不清晰，有明显轮纹，并生有稀疏的白霉。空气干燥时病斑扩展较慢，边缘明显，并易干燥破裂。茎部受害，呈水浸状缢缩，后变褐色，其上部叶萎蔫，湿度大时长白霉；花器受侵染后呈褐色腐烂。

茄子绵疫病属于真菌病害。病菌以卵孢子在土壤中越冬，翌年卵孢子经雨水溅到近地面果实上，萌发长出芽管，芽管与茄子表面接触后产生附着器，从底部生出侵入丝，穿透寄主表皮侵入，在病斑上产生孢子囊，萌发后形成游动孢子，借风雨传播形成再侵染。病菌的发育温度范围为 8～38℃，以 20～30℃ 最利于其繁殖。空气相对湿度在 95％以上菌丝发育良好，空气相对湿度 85％时，孢子囊形成良好，因此，高温多雨条件发病重。

同其他病害一样，防治茄子绵疫病也要采取综合措施。①选用抗绵疫病品种。一般圆茄品种比长茄品种抗病，紫茄品种比绿茄品种抗病。②与非茄科作物实行五年以上的轮作。③合理密植、高垄栽培、及时整枝、加强通风、避免出现湿热小气候，利于预防该病发生。④增施磷、钾肥，促进植株健壮生长，提高植株抗性。⑤初见病果及时摘除深埋，以减少菌源。⑥发病前喷施达科宁 500 倍液或阿米西达 1 500 倍液喷雾预防；发病后立即用金雷多米尔或杀毒矾 400 倍液灌根；发病初期，用 75％百菌清可湿性粉剂 600 倍液，或 40％乙磷铝可湿性粉剂 300 倍液，或 72％普力克水剂 800 倍液等喷雾，也可与 45％百菌清烟剂交替使用。

七、菌核病

茄子整个生育期均可发生菌核病。苗期发病始于茎基，病部初呈浅褐色水浸状，湿度大时，长出白色棉絮状菌丝，呈软腐状，无臭味，干燥后呈灰白色，菌丝集结呈菌核，病部缢缩，茄苗枯死。成株期各部位均可发病，多从主茎基部或侧枝 5～20 厘米处开始发病。发病初期病部水浸状，呈淡褐色，稍凹陷。后病斑变成灰白色或灰色，呈干缩状，湿度大时病部长出白色絮状菌丝，皮层很快腐烂。病茎表皮及髓部易形成菌核。菌核为不规则扁平状，较大。后期病部干枯，髓空，表皮破裂，纤维呈麻状外露，植株枯死。叶片发病，产生褐色水浸状轮纹病斑。花受侵染后，呈水浸状湿腐，脱落。果实发病，病部褐色腐烂，表面有白色霉层，后形成菌核，病果烂掉或形成僵果。

茄子菌核病属于真菌病害，病菌以菌核在土壤中越冬，也可在种子上越冬。翌春茄子定植后菌核萌发，抽出子囊盘即散发子囊孢子，随气流传播到寄主上，由伤口或自然孔口侵入进行侵染。子囊孢子萌发先侵害植株下部叶片和花瓣，受害花瓣及叶片脱落，菌核本身也可以产生菌丝直接侵入近地面茎叶和果实。菌核形成和萌发的适宜温度为 10～20℃，相对湿度 95％～100％为宜。温度 16～20℃，相对湿度 85％～100％条件下茄子最易发病。

防治茄子菌核病通常采取以下方法：①塑料棚内栽培茄子覆

盖地膜可阻止子囊盘出土，减少菌源。②药剂处理土壤，每
666.7 米² 用 50％多菌灵可湿性粉剂 4～5 千克，兑适量干土，
充分混匀撒于畦面，然后耙入土中，可减少初侵染源。③培育适
龄壮苗，定植前清洁环境，减少病源，采用高垄定植，调节好棚
室内的温、湿度，增施农家肥，定植后加强管理，促使植株健壮
生长，提高抗病力。④经常检查，发现病株及时拔除，深埋或烧
毁。⑤发病初期立即用药剂防治。可喷施 50％混杀硫悬浮剂 500
倍液，或 50％甲基托布津可湿性粉剂 500 倍液，或 20％甲基立
枯磷乳油 1 000 倍液，或 50％速克灵可湿性粉剂 1 500 倍液，或
50％扑海因可湿性粉剂 1 000 倍液，或 40％菌核净可湿性粉剂 1
000 倍液。各种药剂交替使用。隔 7～10 天一次，连喷 3 次。

八、褐纹病

褐纹病在茄子各个生育时期均能发生，主要为害茄子叶片、
茎基和果实。幼苗在近地表的幼茎上出现梭形褐色凹陷病斑，条
件适宜时病斑很快发展，造成幼苗猝倒或立枯，病部生有黑色小
粒点，别于立枯病。成株叶、茎、果均可发病，以果实最易受
害。果实发病，初为水浸状浅褐色病斑，凹陷、圆形或近圆形，
渐变为黄褐色，病部发软，病斑扩大到整个果实时，常有明显轮
纹，其上密生黑色小粒点。在空气潮湿时，病果软腐、脱落，干
燥时，病果干缩成僵果挂在枝条上。

叶片发病，初时产生苍白色小斑点，扩展后呈圆形、椭圆形
或不规则形大小不等的病斑。病斑中央灰白色，边缘褐色乃至深
褐色，上面散生许多很小的小黑点。病斑组织变薄、破碎或开裂
穿孔。茎干和枝条上发病，病斑呈梭形或长椭圆形，中央灰白
色，边缘紫褐色，稍凹陷，形成干腐状溃疡，上面散生许多小黑
点。后期病部常皮层脱落，暴露出木质部。

茄子褐纹病属于真菌病害，病原主要以分生孢子、菌丝体在

土表病残体上越冬，也可潜伏在种皮内或种子表面越冬，病菌可存活2年。翌年带菌种子引起幼苗发病，土壤带菌引起茎基部发病溃疡，越冬病菌产生分生孢子进行初浸染，病部又产生分生孢子通过风、雨及昆虫进行传播和再侵染。成株期染病潜伏期7天左右。病菌在7～40℃的温度范围内均可发育，分生孢子萌发适温为28～30℃，要求80％以上的相对湿度。因此，棚室栽培的茄子，在空气湿度大、通风不良时发病较重。茄子重茬也容易发病。

防治茄子褐纹病的方法是：①轮作。一般要实行2～3年以上的轮作。②选用抗病品种。一般长茄类品种较圆茄类品种抗病，白茄和绿茄类品种较紫茄类品种抗病。③从无病株上留种、采种，播前种子用55℃恒温水浸种15分钟，冷却后催芽，播种时用种子重量0.1％的苯福合剂（50％苯莱特、50％福美双可湿性粉剂各1份，细土3份混匀）拌种。④床土消毒。苗床需每年更换新土，播种时，用50％多菌灵可湿性粉剂10克拌细土2千克配成药土，下铺上盖。⑤培育适龄壮苗，实行轮作，合理密植，加强管理，调节好温、湿度。发现病果及时摘除深埋，减少菌源。⑥药剂防治。发病初期，用75％百菌清600倍液，或70％代森锰锌500倍液，或64％杀毒矾500倍液等药剂，或25％甲霜灵可湿性粉剂800倍液，或64％杀毒矾可湿性粉剂400倍液，或40％乙磷铝可湿性粉剂200倍液，或14％络氨铜水剂300倍液，或80％大生可湿性粉剂600倍液，或72％克露可湿性粉剂600～800倍液，间隔10天喷雾。各种药剂交替使用，防治效果较好。也可用45％的百菌清烟剂与喷雾交替使用。

九、疫病

疫病主要为害果实，偶见为害幼苗和梢部。苗期染病，在幼苗基部产生暗褐色水渍状斑。缢缩或倒伏，不产生立枯状。以成株发病最甚，果实发病最多，尤其幼果容易发病。发病多是从果实底部或萼片附近开始，病部呈紫色，软化腐烂，扩展速度迅猛。病部稍凹陷、软化，湿度大时病部表面生出白色粉状霉，该菌棉毛较长，最后果实腐烂。茎基部、茎干、枝条发病，病部紫褐色，皮层软化，稍缢缩，严重时病部以上或全株枯死。

茄子疫病属于真菌病害。病菌主要以卵孢子、厚垣孢子在病残体或土壤中、种子上越冬，其中土壤中病残体带菌率高，是主要侵染源。土壤中病菌经风雨及灌溉水传播，侵染植株根茎基部和近地面果实。发病后，病部产生孢子囊，孢子囊开裂散出孢子，借风雨传播。条件适宜，孢子 2 小时即可萌发，7～8 小时完成侵入，潜伏期 2～3 天。一旦发病，往往很快扩展到全田。在 8～38℃的温度范围内均可发病，以 28～30℃发病最重，相对湿度在 85％以上，叶面有水是发病的必备条件。高湿或连续阴雨条件下，该病扩展迅速。

茄子疫病一般通过以下方法进行防治：①选用耐病或耐涝的品种。②选用无病种子、用温汤浸种消毒、培育适龄壮苗。③加强田间管理。高垄栽苗、覆盖地膜、增施农家肥、控制好温度和湿度，以减少发病条件。④发现中心病株，立即喷药防治。药剂可用 50％瑞毒铜可湿性粉剂 500 倍液，或 68％磷毒铝铜可湿性粉剂 400 倍液，或 58％甲霜灵·锰锌可湿性粉剂 500 倍液，或 72.2％克霜氯可湿性粉剂 600～800 倍液。各种药剂交替使用。⑤储运过程中或进入市场后要注意通风、降温、排湿。

十、灰霉病

茄子灰霉病在苗期、成株期均可发生。主要为害果实，一般幼果发生比较重。幼苗染病，子叶前端枯死，后扩展到幼茎，幼茎缢缩变细，常自病部折断枯死。成株期发病，多数侵染残留的花和花托，然后向果实或果柄发展，导致果皮变成灰白色，软腐，后期幼苗、花柄和果柄出现大量土灰色霉层，即病原菌的子实体，以后果实失水僵化。叶片染病，由叶尖向内呈"V"字形病斑，初呈水浸状，边缘不明显，后呈浅褐色至黄褐色，湿度大时，病斑上密生灰色霉层。

茄子灰霉病是真菌性病害，以分生孢子在病残体上，或以菌核在地表及土壤中越冬，成为翌年的初侵染源。分生孢子随气流及雨水传播蔓延。田间农事操作是传播的途径之一。低温高湿是此病的发病条件，7～20℃均可发病，分生孢子及菌核形成的适温为 15～20℃。

防治茄子灰霉病的方法主要有：①保护地采用生态防治，可采用变温管理，晴天上午晚放风，使温度迅速升高到 31～33℃，达 34℃时开始放风，温度降至 25℃时仍继续放风，使下午温度保持在 25～20℃，下午温度降至 20℃时闭风，保持夜温 15～17℃，外界最低温度达到 16℃以上时即不再闭风，放风排湿。②定植时施足腐熟的有机肥，促进植株发育，增强抗病能力。③发病初期适当节制浇水，严防浇水过量。浇水宜在上午进行，最好地膜栽培，膜下浇水，防止结露。④发现病果、病叶及时摘除并集中深埋，严防病果乱扔。⑤农事操作、整枝、醮花等要注意卫生，避免人为传播；拉秧时及时清除病残体。⑥药剂防治。保护地内可在发病初期每 666.7 米² 用 10%速克灵烟剂或 45%百菌清烟剂 250 克熏烟，也可用 50%速克灵可湿性粉剂 2 000 倍液喷雾。隔 7～10 天 1 次，共喷 3 次。

十一、病毒病

茄子病毒病常见有花叶型、坏死斑点型、大型轮点型 3 种症状。花叶病毒在多种植物上越冬，种子也带毒，成为初侵染源，主要通过汁液接触传染，只要寄主有伤口，即可侵入，附着在番茄种子上的果屑也能带毒，此外土壤中的病残体、田间越冬寄主残体、烤晒后的烟叶、烟丝均可成为该病的初侵染源。其病原主要有黄瓜花叶病毒和烟草花叶病毒。黄瓜花叶病毒主要由蚜虫传染，汁液也可传染，冬季病毒多在宿根杂草上越冬，春季蚜虫迁飞传毒，引致茄子发病。烟草花叶病毒病的发生与环境条件关系密切，一般高温干旱天气利于病害发生。此外，施用过量的氮肥，植株组织生长柔嫩或土壤瘠薄、板结、黏重以及排水不良发病重。茄子病毒的毒源种类在一年里往往有周期性的变化，春夏两季烟草花叶病毒比例较大，而秋季黄瓜花叶病毒为主，因此生产上防治时应针对毒源，采取相应的措施，才能收到较满意的效果。

防治茄子病毒病的方法主要是：①选用耐病毒病的茄子品种或选无病株留种。②播种前用 10％磷酸三钠浸种 20～30 分钟，进行种子消毒。③早期防蚜避蚜，减少传毒介体。温室茄子可张挂聚酯镀铝反光幕；塑料大棚悬挂银灰膜条，或畦面铺盖灰色尼龙纱避蚜。④及时防治截形叶螨。⑤加强肥水管理，铲除田间杂草，提高寄主抗病力。⑥定期喷施 NS‐83 增抗剂 100 倍液，提高植株耐病力。⑦发病初期喷洒 20％病毒 A 可湿性粉剂 500 倍液，或抗毒剂 1 号水剂 300 倍液，隔 10 天左右 1 次，连续防治 2～3 次。

十二、青枯病

茄子青枯病发病初期仅个别枝条的叶片萎蔫，后扩展至整株，初期晴天中午萎蔫，早晚恢复，几天后不再恢复，整个植株病叶变褐枯焦，枯死叶片不脱落，叶片呈淡绿色，早期病株仅茎一侧叶片萎蔫，病茎外表症状不明显。剖开病茎基部，维管束变褐，枝条的髓部大多腐烂或中空，湿度大时用手挤压病茎横切面，有少量乳白色菌脓溢出，这是青枯病（细菌性病害）的重要特征。在一块地里，如果出现几棵病株，可在极短的时间内迅速蔓延整个地块，导致全田绝收。

青枯病是一种细菌性病害，由细菌青枯假单孢杆菌所致。病菌随病残体留在田间越冬，无寄主时可在土中营腐生生活长达14个月，甚至6年之久，成为该病的主要侵染源。该病由根部伤口处侵入，在茎管中繁殖，阻碍水分上升，导致植株萎蔫。病苗通过雨水、灌溉或带菌肥料传染到无病田块。病原细菌在10～40℃范围内均可生长，最适温度为30～37℃，微酸性土壤发病重，可以说高温高湿是此病的发病条件，但地温比气温更重要，地温20～25℃时，出现发病高峰。

通常采取以下措施防治茄子青枯病：①选择抗病品种。②实行与十字花科或禾本科五年以上的轮作，最好水、旱轮作。③结合整地，每公顷施硝石灰100～150千克，抑制青枯菌的繁殖和发展。④施足腐熟有机肥，翻整土地，使土壤肥沃，增强植株本身的抗性。⑤及时拔除、烧毁中心病株，并在病穴上撒施少许石灰粉，防止病害蔓延。⑥药剂防治。发病初期用72%的农用链霉素4 000倍液，或77%可杀得500倍液，或14%络氨铜水剂300倍液灌根，300～500毫升/株，间隔10天，连续3次。

十三、细菌性叶斑病

该病主要危害叶片，病斑多从叶缘开始，从叶缘向内沿叶脉扩展，病斑形状不规则，有的外观似闪电状或近似河流的分支，淡褐色至褐色。患部病征不明显，露水干前，手摸斑面有质黏感。

该病病菌以菌丝体随病残体遗落在土中存活越冬，依靠雨水溅射而传播，从水孔或伤口侵入致病，温暖多湿的天气及通风不畅有利于感病。

防治方法主要有：①与茄科蔬菜实行3年以上轮作。②精选无菌良种，并进行消毒。③对大棚和土壤进行杀菌消毒。④实行

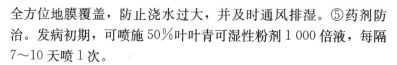

全方位地膜覆盖，防止浇水过大，并及时通风排湿。⑤药剂防治。发病初期，可喷施50％叶叶青可湿性粉剂1 000倍液，每隔7～10天喷1次。

第四节　虫害及其防治

茄子栽培中，常见的虫害主要有蚜虫、温室白粉虱、红蜘蛛、茶黄螨、黄斑螟、美洲斑潜蝇、二十八星瓢虫、蝼蛄、小地老虎等。

一、蚜虫

为害茄子的蚜虫主要是瓜蚜，俗称"腻虫"。蚜虫为害茄子时，以成蚜和幼蚜群集在叶片背面和嫩枝上吸取汁液，叶片被害后，细胞受到破坏，生长不平衡，叶片向背面皱缩，严重时萎蔫干枯。同时，蚜虫还可通过刺吸式口器传播多种病毒，造成更大的危害。瓜蚜夏季多为黄绿色，春秋为墨绿色或蓝黑色。

蚜虫繁殖能力很强，一年能繁殖十几代，以卵的形式在越冬寄主上或以成蚜、若蚜在温室内蔬菜上越冬或继续繁殖。温暖和较干燥的环境易发生，蚜虫繁殖的适温为16～20℃，北方超过25℃，南方超过27℃，相对湿度达到75％时，不利瓜蚜繁殖。

生产中，常采用农业、物理、生物与化学防治相结合的方法进行防治。①棚室茄子定植前，清除上茬作物的残株及杂草，集中烧毁或埋掉，以减少虫源。②发现虫苗立即带出田间并深埋，农具也是蚜虫寄生的场所，所以当春天气温回升时，要用农药喷洒把蚜虫消灭在迁飞扩散之前。③避蚜。利用银灰膜对蚜虫的忌避作用，可用银色地膜覆盖栽培或在大棚周围张挂10～15厘米宽的银色膜条；在棚室的通风口覆盖防虫网以挡住蚜虫。④黄板诱蚜。把涂抹机油的黄板插入田间或悬挂在茄子行间，高于茄子

0.5 米左右，利用机油粘杀蚜虫，经常检查并涂抹机油。黄板诱蚜后要及时更换，此法还可测报蚜虫发生趋势。⑤燃放烟剂。此法适合保护地内防蚜，把烟剂均分成 4、5 堆，摆放在田埂上，傍晚覆盖草苫后用暗火点燃，人退出棚室，关好门，次日早晨通风后再进入。⑥生物防治。保护蚜虫天敌如七星瓢虫、蚜茧蜂、食蚜蝇等以虫治虫。⑦在蚜虫点片发生时，集中喷药。药剂可选用 22.45％阿立卡 3 000 倍液，或 1.1％烟楝百部碱 750 倍液；也可用 10％吡虫啉 1 000～1 500 倍液，或 5％蚜虱净乳油 3 000 倍液，或 48％乐斯本乳油 1 000～1 200 倍液，或 50％辟蚜雾可湿性粉剂 2 000～3 000 倍液，或 2.5％氯氰菊酯乳油 3 000 倍液，或 20％氰戊菊酯乳油 3 000 倍液，或 21％灭杀毙乳油 6 000 倍液。茄子防治蚜虫喷药必须及时，离采收期 7～10 天避免喷药。

二、温室白粉虱

温室白粉虱俗称小白蛾子，属同翅目，粉虱科，体型小，成虫体长 0.95～1.4 毫米，体色从淡黄白色到白色，雌雄均有翅，全身被有蜡粉。若虫扁椭圆形，淡黄色或淡绿色，2 龄以后足消失，固定在叶背面不动，体表有长短不齐的蜡丝。近年在温室和大棚中严重发生，并迅速蔓延扩散，成为茄子栽培的重要害虫。该虫以成虫及若虫群集在叶背面吸食汁液，造成叶片褪绿、变黄、萎蔫，严重时植株枯死。在为害的同时还大量分泌蜜露，污染叶片和果实，引发霉污病，影响植株的光合作用和呼吸作用。不但影响产量品质，还容易引起病毒病，造成减产并降低产品的商品价值。

白粉虱在北方温室中，1 年可发生 10 余代，冬季在温室外不能越冬，可以各种虫态在温室作物上越冬或继续繁殖为害。翌年春天随着菜苗的移植或成虫迁飞，不断扩展蔓延，成为保护地和露地重要虫源。7～8 月份虫量增加最快，8～9 月份造成严重危害，10月份以后随天气变化，气温下降，虫量减少，迁移到保护地内越冬。成虫不善飞，趋黄性强，其次趋绿，而对白色有忌避性。成虫有趋嫩性，随着植株生长不断向嫩叶上迁移，而卵、若虫、蛹仍留在原叶片上。因此，各虫态在植株上的分布就有了一定的规律。一般上部叶片成虫和新产的卵较多，中部叶片孵化的卵和小若虫较多，下部叶片伪蛹较多。成虫发育最适温度为18～21℃，40.5℃时成虫活动力显著下降，若虫抗寒力较弱。在温室生产条件下约一个月可完成一代。

　　茄子温室白粉虱应采取综合措施进行控制。①农业防治。提倡温室第一茬种植白粉虱不喜食的芹菜、蒜黄等较耐低温的蔬菜；培育无虫苗；并把苗床和生产温室分开。上茬结束后，及时清除残株、落叶和杂草消灭虫源；与非寄主作物轮作断绝其食物源。②物理防治。利用白粉虱的趋黄性，可在棚室的通风口或田间设置黄色机油板，诱杀成虫。③生物防治。棚室内可利用天敌进行防治，可人工释放中华草蛉或丽蚜小蜂，有很好的防治效果。④药剂防治。可用25％扑虱灵可湿性粉剂1 000倍液，或2.5％天王星乳油3 000倍液，或50％乐果乳油1 000倍液，或2.5％大功臣乳油3 000倍液，或20％灭扫利乳油2 000倍液。也可用烟剂，每666.7平方米用400克熏烟。

三、红蜘蛛

　　红蜘蛛又称棉红叶螨、朱砂叶螨，是一种多食性害虫。红蜘蛛成虫体色差异很大，有深绿色、褐绿色、黑绿色、黄红色等，也有红色或锈红色的。虫体背两侧各有块状红色斑纹。雌虫呈卵圆形，体长0.42～0.51毫米，宽0.28～0.32毫米。雄虫头部前端近圆形，腹部末端较尖，体长0.26毫米，宽0.14毫米，足4对。

　　红蜘蛛以成虫和若虫在叶背面吸食汁液，被害的叶片，初期下部叶正面出现零星的褪绿斑点，继而叶片严重失绿，变成灰白色，遍布白色小点，并从下部叶片向上部叶片蔓延。翻看叶背可见密生红色"小点"，仔细观察，"小红点"有移动现象，这就是造成为害的红蜘蛛。受害严重的叶片，在叶背形成一层"网膜"，是红蜘蛛吐丝结成的蛛丝网。受害植株往往早衰或提早落叶，果皮粗糙，呈灰白色，品质变劣并严重减产。棉红蜘蛛不仅露地发生，在温室和大棚也常发生，若防治不及时，会造成较大危害。

红蜘蛛1年可发生10～20代，其发生代数由北向南逐渐增多。以成螨在枯枝落叶下、杂草丛中及土缝里越冬，翌年春天越冬成螨开始活动，并产卵于杂草或作物上。在保护地内发生更早，5～6月间迁至菜田，初期点片发生，逐渐扩散到全田。晚秋随温度下降，迁到越冬寄主上越冬。幼螨和前期若螨不活泼，后期若螨活泼贪食，并有向上爬的习性。一般从下部叶片开始发生，逐渐向上蔓延，繁殖量大时，常在植株顶尖群集，用丝结团，滚落地面，并向四处扩散。红蜘蛛发生的最适温度为29～31℃，相对湿度在35％～55％。温度超过30℃，相对湿度在70％以上时，对其发生有抑制作用。

茄子红蜘蛛的防治措施是：①晚秋及时清除田间杂草和枯枝落叶，减少虫源。②氮、磷、钾肥配合施用，避免偏施氮肥，适当增施磷、钾肥，使植株健壮生长，提高抗螨能力。③避免土壤干旱，空气湿度过低时，适时适量浇水。④利用小花蝽、草蛉、小黑瓢虫、黑襟瓢虫等天敌捕杀。⑤发现红蜘蛛点、片发生，及时用25％的保护地杀虫烟剂每666.7米^{2}600克熏杀，或用10％浏阳霉素1 500倍液或1.8％齐螨素3 000倍液喷雾，隔5～7天1次，连续3～4次。

四、茶黄螨

茶黄螨又叫茶嫩叶螨、茶半跗线螨，虫体很小，肉眼很难看见。主要为害茄子，也能为害其他茄科作物和瓜类。成螨、幼螨均可为害。一般集中在幼嫩部位吸食汁液，上部叶片受害后变小变窄，生长缓慢、畸形，受害叶片变灰褐色，并出现油渍状，叶缘向下卷曲。嫩茎、嫩枝受害后变褐色，扭曲，严重时顶部枝干枯。花、蕾受害后不能坐果。果实受害后，引起果皮开裂，果肉种子裸露，植株生长缓慢。

茶黄螨属蛛形纲，蜱螨目，跗线螨科害虫。茶黄螨1年发生多代。在南方以成螨在土缝、蔬菜及杂草根际越冬。在北方主要在温室蔬菜上越冬。以两性繁殖为主，也有孤雌生殖的，孤雌生殖的卵孵化率很低。越冬代成虫于翌年5月份开始活动，6月下旬至9月中旬是发生盛期，10月下旬以后随着温度下降虫量逐渐减少。雌虫的卵产于叶背或幼果的凹陷处，散产，2～3天卵即可孵化。幼螨期2～3天，若螨期2～3天。茶黄螨喜温暖潮湿条件，生长繁殖最适温度18～25℃，相对湿度80％～90％，高温对其繁殖不利，一般连阴雨、日照弱、湿度大、气温适中的气候条件下发生最为严重。成螨遇高温寿命缩短，繁殖力下降，甚至失去生殖能力。

茄子茶黄螨可通过以下措施加以防治：①及时铲除田间、地头杂草，前茬作物的枯枝落叶和杂草清除干净，减少虫源。②培育和栽培无虫苗。③与十字花科、菊科蔬菜轮作。④发生茶黄螨后，可喷施73％克螨特乳油2 000倍液，或5％尼索朗乳油2 000倍液，或20％灭扫利乳油3 000倍液，或20％双甲脒乳油1 000倍液，或25％扑虱灵可湿性粉剂2 000倍液，或35％茶螨特乳油1 000倍液。

五、黄斑螟

茄黄斑螟又名茄螟、白翅野螟。成虫体长6.5～10毫米，雌蛾体形稍大，体翅均白色，前翅有4个明显的大黄斑；卵外形似僧帽或水饺状，光滑无纹，卵粒分散；老熟幼虫体长 16～18 毫米，蛹长 8～9 毫米，茧壳十分坚韧，茧形多为扁长椭圆形，有丝棱数条，外露部分平滑。茄黄斑螟以幼虫为害茄子的花蕾、花蕊、子房，蛀食嫩茎、嫩梢及果实，使植株顶部枯萎，落花、落果，并引起烂果，夏季花蕾、嫩梢受害重，造成减产，秋季果实受害重，失去食用价值。

在我国的武汉，一年可发生 5 代，但世代重叠严重，在夏、秋季甚至在同一植株上可见各个虫态。成虫白天隐蔽，夜间活跃，趋光性弱，发育适温为 20～28℃，产卵适温为 25℃，卵孵化适温为 25～30℃，幼虫孵化时，将卵壳侧面咬一孔洞爬出留下卵壳，蛀入花蕾、子房或心叶、嫩梢及叶柄，以后又多次转移蛀入新梢，蛀果幼虫往往不转移，在蛀孔外堆积大量的虫粪。

茄黄斑螟的防治方法是：①发现幼虫为害的花蕾、嫩梢等及时采摘并带出田外烧毁。②茄子收获后清除田园，处理残株。③在 2 厘米^2 的滤纸片载体上滴 100 毫克的性诱剂后装进塑料袋内封好，用曲别针固定在铁丝上，再把铁丝悬在盛有水的容器上方，即成诱捕器，将此诱捕器架在三角架上，高出植株 30～50 厘米，诱杀雄蛾效果很好。④用 50% 的马拉松乳油 1 000 倍液进行喷雾。

六、美洲斑潜蝇

美洲斑潜蝇俗称蔬菜斑潜蝇，成虫为浅灰色小蝇子；卵椭圆形、灰白色、半透明；幼虫蛆状初无色，后变成浅橙黄色和至橙黄色；蛹长椭圆形、略扁、橙黄色。成、幼虫均可危害，主要危害茄子叶片，雌成虫飞翔把叶片刺伤，进行取食和产卵，幼虫潜入叶片和叶柄为害，产生不规则蛇形灰白色虫道，俗称"鬼画符"，叶绿素被破坏，影响植株的光合作用，受害严重的叶片脱落，造成花芽、果实灼伤，严重时造成毁苗。

美洲斑潜蝇发生期为 4～11 月，发生期有两个，即 5 月中旬至6月和9月至10月中旬。北方一年可发生10余代，南方可发生20余代，世代短，繁殖能力强。成虫白天活动，有趋黄性、向上性和向光亮性，成虫以产卵器刺伤植株叶片并在伤孔表皮下产卵，幼虫孵出后即由叶缘向内取食叶肉造成虫道。幼虫发育适温为20℃左右，成虫发育适温为16～18℃，植株高大茂密地块受害重。美洲斑潜蝇食性杂，危害大。

生产上，多通过综合措施来防治美洲斑潜蝇。①种子处理。每千克种子用50%保苗剂2～3毫升，加适量清水，充分搅拌，包裹种子，晾干后播种。②消灭虫源。收获后及时清洁田园将被潜叶蝇危害的残体集中深埋、烧毁或作堆肥。③与非寄主性植物实行轮作。④加强田间管理。主要是合理密植，增加田间通透性。⑤黄板诱杀。利用斑潜蝇的趋黄性进行诱杀。⑥药剂防治。保护地内可每666.7米^{2}用25%杀虫烟剂600克熏杀；露地可用齐螨素类药剂进行防治，制剂含量不同，其使用浓度也不同，一般情况下，1.8%乳剂3 000倍、0.9%乳剂1 500倍、0.3%乳剂500倍，间隔7天，共2～4次。

七、二十八星瓢虫

二十八星瓢虫因二鞘翅上共有28个黑斑而得名，成虫体长6毫米，呈瓢形拱起，每鞘翅上有14个黑斑。卵长约1.2毫米，弹头型，淡黄至褐色。幼虫初龄淡黄色，后变白色。蛹椭圆形。成虫和幼虫从叶背取食叶肉，留下表皮，形成许多独特的不规则的半透明的细凹纹，有时也会将叶吃成空洞或仅留叶脉。后变褐色枯萎，严重时整株死亡。被害果实常开裂，内部组织僵硬且有苦味，产量和品质下降。

茄二十八星瓢虫分布我国东部地区，但以长江以南发生为多。在江苏、安徽等地一年发生3代，华中地区一年4～5代，福建等地6代。成虫白天活动，有假死性和自残性。以成虫在茄田附近的背风向阳、温暖干燥的枯叶杂草或表土缝内散居越冬，翌年4月中旬开始活动，在春马铃薯上产卵为害，雌虫将卵产于叶背，初孵幼虫群居为害，稍大后分散为害，5月下旬陆续迁入茄田，6～8月间为害茄子最重。生长的适温为22～28℃。

防治茄二十八星瓢虫的方法有：①人工扑捉成虫，利用成虫假死性，用工具承接并扣打植株使之坠落，收集消灭。②人工摘除卵块，卵颜色鲜艳，易发现，易摘除。③及时清除马铃薯、茄子等残株，可消灭部分卵、幼虫和蛹。④药剂防治应在幼虫分散前进行，可用90%敌百虫原粉1 000～1 500倍液或80%的敌敌畏乳油1 500倍液喷雾。

八、蝼蛄

蝼蛄是地下害虫，主要有非洲蝼蛄和华北蝼蛄两种。蝼蛄可为害多种作物，成虫和若虫都能为害，在地下咬食刚发芽的种子或幼苗的根部，将幼苗近地面的嫩茎咬成纤维状，受害植株根部呈乱麻状，有时咬断。蝼蛄活动时会将土层钻成纵横隆起的隧道，使幼苗根系与土壤分离，失去水分而枯死。蝼蛄白天潜伏在土壤中，夜间出来活动，在气温高、湿度大、闷热的夜间，大量出土活动，有趋光性，并对香甜食物有强烈趋性。保护地内由于温度高，蝼蛄活动早，幼苗集中，为害更重。

华北蝼蛄约3年完成一代，而非洲蝼蛄在华中及南方每年可完成一代，在华北和东北2年完成一代，以成虫或若虫在地下越冬。清明后上升到地表活动，可在洞口顶起一小堆虚土；5月上旬至6月中旬，是蝼蛄最活跃的时期，也是一年中的为害高峰；6月下旬至8月下旬，气温升高，天气炎热，蝼蛄潜入30～40厘米土层下越夏；9月上旬到9月下旬，越夏若虫又上升到地面补充营养，为越冬作准备，是一年中第二次为害高峰。成虫和若虫均喜欢生活在松软潮湿的土中，20厘米表土层含水量20%以上最适宜，小于 15％时活动减弱。气温在 12.5～19.8℃，20 厘米土温为 15.2～19.9℃时，对蝼蛄最适宜，温度过高或过低时，则潜入深层土壤中。

防治地下蝼蛄的综合措施有：①实行水旱轮作，深耕多耙，不施未腐熟的有机肥。②在育苗床防治蝼蛄，可把机油用开水稀释，加入冷水后，缓慢注入蝼蛄穿行的隧道，蝼蛄就会爬出床面，1 次即可捕捉干净。③人工诱杀。将玉米面炒香，加入敌百虫，一般用 5 千克玉米面放在锅中炒香以后，90％敌百虫放入 5 升水中化开，把敌百虫溶液与玉米面调和好，放在蝼蛄容易出现处，每 666.7 米^2 用 150 克，傍晚进行毒杀，效果较好；利用蝼蛄的趋光性，在田间设置黑光灯诱杀；利用蝼蛄对马粪的趋性，在田间挖 30 厘米见方约 20 厘米深的坑，内堆湿润的马粪，表面盖上草，每天清晨捕杀。

九、小地老虎

小地老虎是地下害虫，属鳞翅目，夜蛾科，俗称截虫。以幼虫为害，1～3 龄幼虫能把地面上叶片咬食成孔洞或缺刻，4 龄幼虫夜间出来将幼苗从根茎齐土面处咬断，造成缺苗断垄。小地老虎的成虫是暗褐色中型蛾子，体长 16～23 毫米。卵为扁圆形，表面具有纵横花纹，初产卵乳白色，后变成黄色，孵化前呈灰黄色。幼虫为灰褐色，大龄幼虫体长 30～57 毫米，体表密生黑色小粒状突起，臀板为黄褐色，有 2 条黑色纵带。幼虫共 6 龄，1～2 龄幼虫多集中在植株心叶中或叶片下的土面，3 龄幼虫白天潜伏在 2～3 厘米的表土里，夜间出来活动为害，3 龄后主要为害茄子及其他作物的幼苗，将幼苗近地面处咬断，造成严重缺苗、断垄甚至毁种。所以，防治时必须将幼虫消灭在 3 龄以前。

小地老虎的发生代数由北至南不等，黑龙江 2 代，北京地区 3～4 代，江苏 5 代，福州 6 代。成虫白天隐蔽，夜间为害，对黑光灯和酸甜物质趋性较强，有自残性，幼虫有假死性，发育适温为 $18\sim26℃$，相对湿度 70%，高温不利于发生，$10\%\sim20\%$ 的土壤含水量最适于成虫产卵及幼虫生存，砂壤土、黏壤土幼虫多、发病重。

防治小地老虎时，要将成虫、幼虫一并杀灭。①诱杀成虫。利用小地老虎成虫的趋性，用糖蜜诱杀或黑光灯诱杀成虫。②除草灭虫。春天定植茄子前，清除田间杂草，运出田外处理，以消灭虫源。③人工捕捉。早晨拨开被咬断、咬伤秧苗附近的表土，顺行查找，即可捉到 3 龄以后的幼虫；采摘新鲜泡桐树叶，于傍晚放在有幼虫的茄田，每 666.7 米^2 放 50 片，早上揭开树叶捕捉；堆草诱杀，在定植前选择地老虎幼虫喜食的刺儿菜、苦卖菜等杂草堆放，使幼虫集中并消灭。④毒饵诱杀。用糖：醋：白酒：水：90%敌百虫＝6：3：1：10：1 溶液或用发酵变酸的食物如烂水果等加适量药剂或用泡菜水加适量药剂均可诱杀成虫。施用时先清除田间杂草，再于当晚施用。⑤毒土防治。在幼虫 3 龄前，用 2.5% 的敌百虫粉剂，或 0.4% 的二氯苯菊酯粉剂，每 666.7 米^2 用 $2\sim2.5$ 千克，加细土 $15\sim20$ 千克，拌均匀后撒在茄子心叶里。⑥喷药灭虫。发现有幼虫为害时，立即喷 20%杀灭菊酯 8 000 倍液，或 90%敌百虫 $800\sim1\,000$ 倍液，或 80%敌敌畏乳油 1 500 倍液，防治 $1\sim3$ 龄幼虫。发现田间幼虫很多时，用 90%晶体敌百虫 1 000 倍液，或 50%辛硫磷乳剂 1 500 倍液灌根，每株灌 250 毫升。

第五节　有害气体危害

茄子的有害气体危害是指由于田间空气中的有害气体浓度过高而引起植株受害的现象，以保护地栽培发生较为严重。保护地内由于通风量小、施肥量大以及其他一些原因，有害气体的浓度容易偏高，更容易使植株发生中毒现象。过量施用化肥易造成氨气、二氧化氮中毒，燃料燃烧容易发生二氧化硫、乙烯中毒，塑料薄膜及塑料制品则容易引发正丁酯、磷酸二甲酸二异丁酯中毒。

一、氨气为害

施用发酵不充分的有机肥或碳酸氢铵等化肥施用不当，或施用过量，在土壤由碱性变为酸性的情况下，硝酸化细菌活动受到抑制，使亚硝酸不能正常、及时地转换成硝酸态氮，产生的氨气或亚硝酸气体会使茄子受害。

茄子受氨气毒害，中下部叶片先呈水渍状，后产生褐色坏死斑，严重时叶片全部枯死；亚硝酸气体毒害多危害茄子的下部叶片，危害轻时，在叶的背面出现褐斑，严重时，叶片上的病斑正面为白色、背面为褐色。

防治方法：①发现有害气体应立即通风，并加大通风量，延长通风时间。②施用充分腐熟的有机肥，避免偏施、过多施氮肥。③发生氨害时，可在叶背面喷1‰的食醋，能明显减轻危害。

二、二氧化氮气体为害

在施肥量过大，土壤由碱性变酸性情况下，硝酸化细菌活动受抑制，二氧化氮不能及时转换成硝酸态氮而产生危害。

症状是植株中上部叶背后发生不规则水浸状淡色斑点或叶片上产生褐色小斑点，2～3天后叶片干枯，严重时植株枯死。

防止的主要措施：施用充分腐熟的农家肥。施化肥特别是施尿素、碳铵时，要少施勤施，施后及时浇水，加强通风。

三、二氧化硫气体为害

二氧化硫气体可能来自两个方面：一是棚室加温火炉燃煤遗

漏出来的，或生鸡粪、饼肥等发酵过程中的释放物；二是工厂排除烟气中含带的。温度高，土壤水分充足时，叶片气孔开放更容易受到伤害。

危害症状多发生在中位叶，先呈水浸状，后叶片卷曲、干枯，同时叶脉间出现褐色病斑。

预防措施：①用于棚室加温的火炉烟道要严格密封，严防漏气，同时尽量不要使用含硫量高的煤炭。气压低的大雾天烟道排泄不畅，容易出现烟气倒流。②菜田应该远离工矿区。③棚室有二氧化硫积累时，要注意及时排除，并在叶面喷洒800倍的小苏打和叶面肥。

四、乙烯、磷酸二甲酸二异丁酯气体为害

乙烯气体危害时，植株矮化，茎节粗短，侧枝生长加快，叶片下垂、皱缩，失绿转黄而脱落，花器、幼果易脱落，果实畸形。而磷酸二甲酸二异丁酯危害时，则表现为叶片边缘及叶肉部分变黄而白继而枯死，严重时全株受害。

防止措施：①加强观测，及时通风。每天早晨用pH试纸测试棚膜上露水，若呈碱性，须及时放风。另外，根据天气，加强通风，排出各类有害气体。②安全加温。炉体和烟道设计要合理，安装要密闭，燃料要选用优质低硫煤。加强加温管理，防止倒烟。③选用优质塑膜。可选用聚乙烯塑膜或质量可靠的聚氯乙烯塑膜，不但可防止有害气体溶解在水滴中危害蔬菜，而且可减轻病害。

第六节 草 害

茄子安全生产以人工除草为主，不提倡使用除草剂控制杂草。但实际生产中，部分茄农因劳动力不足，有时也会选用除草

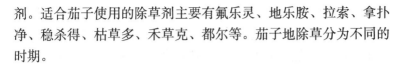

剂。适合茄子使用的除草剂主要有氟乐灵、地乐胺、拉索、拿扑净、稳杀得、枯草多、禾草克、都尔等。茄子地除草分为不同的时期。

一、苗床用除草剂

多用氟乐灵、稳杀得、拿扑净、禾草克四种除草剂。氟乐灵播种前处理苗床土壤对杂草的防效很好，基本上可以控制茄子苗床期的杂草，一般情况下，每 666.7 米^2 用量不超过 80 毫升不会对茄苗产生药害；稳杀得 666.7 米^2 用药量应控制在 20～30 毫升为好；拿扑净的每 666.7 米^2 用药量应控制在 20～25 毫升为好；禾草克每 666.7 米^2 用药量在 30～50 毫升之间。

二、移栽之前除草

每 666.7 米^2 用 48% 氟乐灵 75～100 毫升，或 48% 地乐胺 150～300 毫升，或 96% 金都尔 100 毫升。来喷雾处理土壤。露地移栽田移栽前及地膜覆盖移栽田均在播后覆膜前施药，三种除草剂中，以金都尔防效最好、最安全。金都尔对稗草、狗尾草、金狗尾草、牛筋草、早熟禾、野黍、画眉草、臂形草、黑麦草、稷、虎尾草、鸭跖草、芥菜、小野芝麻、罗氏草、油莎草（在沙质土和壤质土中）、水棘针、香薷、菟丝子等，对假高粱、柳叶刺蓼、酸模叶蓼、萹蓄、鼠尾看麦娘、宝盖草、马齿苋、繁缕、藜、小藜、反枝苋、猪毛菜、辣子草等均有较好的防除效果。

第七节　化学农药减量使用技术

在病虫害防治中，由于过度依赖化学防治而导致的农药污染越来越严重，严重影响着人们的身心健康及环境安全。因此，要保证茄子的安全生产，就必须在病虫害防治中推行化学农药减量使用技术，坚持"预防为主、综合防治"的方针，以病虫害预测预报为前提，优先运用农业、物理、生物、生态防治，优化化学防治方法，尽量减少化学农药的使用。

一、病虫害预测预报

完善病虫监测体系，建立病虫监测预警系统。通过预测预报，掌握病虫发生种类、发生量、发生区域和发育进度，及时采取措施，抓住病虫的薄弱环节，以最小的投入获得最佳的防治效果。做到用药准确，防治面积小，用药量小，压低下一代虫源基数，减轻危害，避免污染。

二、农业防治

1. 选用抗病品种　这是防治各种病害最经济有效的途径，尤其对于一些难于防治的病害更能收到事半功倍的效果。例如选用抗病毒病的双抗 2 号、中蔬 4 号、强丰、早魁等；从荷兰引进的抗根结线虫病的 GC 779、W 733 等新品种。

2. 合理施肥、科学施肥　推行配方施肥、测土施肥，依据茄子生理需求施肥，施足有机肥，避免偏施氮肥，增施磷钾肥，适时叶面施肥，防止植株早衰、增强抗病能力。

3. 改善栽培设施　日光温室应尽可能提高标准，改善通风透光条件，张挂反光膜；采用无滴膜，减少结露现象；全膜覆盖，膜下灌水，最好在棚内建蓄水池并实行滴灌，以有效降低空气湿度，避免地温过度降低，减少病害发生和流行的可能性。

4. 合理间套作与轮作倒茬　连作重茬会造成养分失衡与匮乏，造成菌源积累，加重许多病害发生。可通过科学栽培加以调节，减轻病害发生，如茄子地混种韭菜，可防治茄子根腐病、萎蔫病；茄子与茼蒿同穴栽可抑制茄子枯萎病；与葱蒜类和十字花科类轮作，可有效控制枯萎病和早疫病等。

5. 清洁田园 前茬作物收获后要彻底清除病株残体和杂草，深翻土壤，减少室内初侵染源；发病后及时摘除病花、病果、病叶，或拔除病株，带到室外销毁，可有效控制病害蔓延。

6. 换土改造 连作几年后，土壤盐化及土传病害加重，可采取去老土换新土的方法来解决。方法是铲除耕层表土，换上无毒肥沃的大田土。

三、生物防治

1. 应用生物技术 可采用转基因等生物技术培育抗病品种；对病毒病可通过生长点培养培育无毒苗，并采用病毒疫苗，例如使用中国农科院微生物研究所研制的弱毒疫苗 N14 在茄子 1～2 片真叶分苗时，将洗去土壤的幼苗浸在疫苗 N14 的 100 倍液中 30 分钟，然后分苗移栽，可产生免疫力。

2. 使用生物农药 茄子主要病害防治中常用的生物农药有真菌杀菌剂、抗生素杀菌剂、海洋生物杀菌剂、植物杀菌剂；用于防治虫害的生物农药有植物杀虫剂、真菌杀虫剂、细菌杀虫剂、病毒杀虫剂、抗生素杀虫剂等。

（1）真菌杀菌剂 常见的有特立克、健根宝、阿米西达。

①特立克。又名木霉素、灭菌灵。可防治灰霉病、猝倒病、立枯病、疫病等。使用方法有拌种、灌根和喷雾。

②健根宝。主要防治土传、种传病，并能分泌促进作物生长的活性物质，具有增根、壮秧、提高品质的作用。主要在育苗、定植及坐果期使用。

③阿米西达。阿密西达能抑制病菌呼吸，破坏病菌能量合成而导致病菌死亡，还能促进作物生长、提高产量、改善品质。该

制剂使用作物广泛，在蔬菜上主要用在瓜类、茄果类上。用5 000～10 000倍液喷雾能防治白粉病、早疫病、炭疽病。喷药时应加足水量，以使作物表面能充分接触药剂。

（2）**抗生素杀菌剂** 常见的有农抗120、农用链霉素、井冈霉素、新植霉素等。

①农抗120。对白粉病、枯萎病、疫病、猝倒病有明显的防治效果。

②农用链霉素。主要防治细菌性病害。

③井冈霉素。主要防治立枯病。

④新植霉素。为防治各种作物细菌性病害的特效药。

（3）**海洋生物杀菌剂** 常见的有OS-施特灵和根复特。

① OS-施特灵。用于防治多种真菌、细菌和病毒病害。

②根复特。用于防治茄子黄萎病，于发病初用本剂800倍液进行叶面喷雾。

（4）**植物杀菌剂** 植物杀菌剂较少，主要有绿帝。绿帝对多种病害具有触杀、熏蒸作用。

（5）**植物杀虫剂** 常见的有烟碱、除虫菊素、鱼藤酮、楝素、印楝素、苦参碱、藜芦碱、烟百素等。

①烟碱。用于防治蚜虫、潜叶蝇等。

②除虫菊素。主要防治蚜虫。

③鱼藤酮。有触杀和胃毒作用，用于防治菜蚜。

④楝素。用于防治烟粉虱和斑潜蝇等。

⑤印楝素。用于防治美洲斑潜蝇等。

⑥苦参碱。有触杀和胃毒作用。拌种主要防治地下害虫；喷雾主要防治蚜虫。

⑦藜芦碱。兼具触杀和胃毒作用，可防治蚜虫。

⑧烟百素。可防治斑潜蝇、蚜虫等。

（6）**真菌杀虫剂** 常见的有绿僵菌、块状耳霉菌。

①绿僵菌。主要防治蛴螬。

②块状耳霉菌。灭蚜的专用生物农药。在蚜虫发生初期喷雾。

（7）细菌杀虫剂 常见的有苏云金杆菌（Bt乳剂）、阿维·苏。

①Bt乳剂。主要防治菜青虫、小菜蛾、烟青虫、蛴螬、玉米螟。

②阿维·苏。主要防治菜青虫、小菜蛾。

（8）病毒杀虫剂 常见的有奥绿1号、菜青虫病毒。

①奥绿1号。可有效控制夜蛾、小菜蛾及菜青虫的为害。

②菜青虫病毒。可防治菜青虫、小菜蛾、银纹夜蛾和菜螟等害虫。

（9）抗生素杀虫剂 常见的有阿维菌素、菜喜。

①阿维菌素。可防治斑潜蝇、蚜虫等。

②菜喜。可防治小菜蛾、甜菜夜蛾、蓟马等。

3. 性诱剂诱杀 即利用昆虫性信息素进行诱杀。昆虫性信息素是以昆虫体内释放出来的能引诱同种异性昆虫的一种激素，一般是指雌性昆虫分泌到体外，能引诱雄性个体前来交配的物质，称为性外激素。这种分泌物具有强烈的引诱作用和高度的选择性，可引诱几十米、几百米，甚至几公里以外同种雄虫进行交尾。

用以防治害虫的性外激素或类似物，通称为性引诱剂，简称性诱剂。性诱剂的作用：一是大量诱捕害虫，如实践中应用较多的小菜蛾、棉铃虫、烟青虫的性诱剂防治。二是迷向干扰，用性信息素干扰雌雄害虫间的通讯联系，使其个体失去寻找异性定向的能力，干扰交配，如日本产小菜蛾性干扰剂（迪亚蒙莱）。三是准确查明害虫发生始期、盛期和末期，有效地指导防治。

性诱剂是由人工合成性诱剂和适当的载体（聚乙烯、橡胶管、橡皮头等）充分混匀制成。每个诱芯一般含性诱剂20～500微克。

诱捕器的制作与设置：一般用水盆诱捕器，选择有代表性的茄子田进行诱杀，用直径 20～30 厘米、深 10 厘米的诱测盆，其内加入水，水离盆口 2 厘米左右，放入少量洗衣粉。用三角架将盆支起到高于茄子 20～30 厘米，用铁丝串一诱芯，拴于盆上，使诱芯距水面 3 厘米为宜，诱芯上面再用涂蜡硬纸板或铁皮等做成直径与盆相当的帽盖，以防诱芯被日晒雨淋，以使虫子飞入。每天补充水分，使其保持恒定的水面高度。性诱剂芯一般每月更换 1 次。暂不用的诱芯储藏在冰箱或放在棕色瓶内置阴凉通风处保存。

有条件时，可购买水瓶式或三角形胶粘式诱捕器，以减少每天补充水分的麻烦。

四、物理防治

1. 温汤浸种　用 50～55℃温水浸种 10～15 分钟，可有效防治多种种传病害。

2. 土壤消毒　抓住春秋茬之间的夏闲高温期翻地晒棚，进行土壤消毒，方法是每平方米铺 4～6 厘米麦草 1 千克，加石灰氮 0.1 千克，深翻 20 厘米，然后田埂间灌满水，用旧塑料薄膜盖上，密闭 10～15 天后，地表温度可升到 50～60℃，灭菌及杀线虫效果显著。

3. 灯光诱杀　可利用黑光灯、高压汞灯、频振式杀虫灯进行害虫诱杀。如频振式杀虫灯通过光、波、色、味四种诱杀方式，可以诱杀 87 科，1287 种农林害虫，主要诱杀棉铃虫、地老虎、玉米螟、甜菜夜蛾、吸果夜蛾、斜纹夜蛾、松毛虫、美国白蛾、天牛等，既可进行预报又可防治，能降低落卵 70％左右。该灯操作方便，具有自动关闭功能，只需早晚各清扫一次虫子即可。

4. 设防虫网阻虫　温室内大棚通风口用尼龙网纱密封，阻止蚜虫、白粉虱等迁入。利用防虫网来隔开害虫与茄子之间的接触，防虫网能把大部分的害虫隔开，使茄子免受其害，如夜蛾、菜蛾、蓟马、斑潜蝇等。如在育苗棚、生产大棚安装 20～25 目防虫网，可阻止斑潜蝇入棚为害。

5. 铺设银灰网膜驱避蚜虫 每 666.7 米² 铺银灰色地膜 5 千克，或将银灰膜剪成 10～15 厘米宽的膜条，膜条间距 10 厘米，纵横拉成网眼状。

6. 悬挂粘虫板 设置黄板诱杀美洲斑潜蝇、蚜虫、白粉虱，用废旧纤维板或纸板剪成 100 厘米×20 厘米的长条，涂上黄色漆，同时涂一层机油，挂在行间或株间，高出植株顶部，每 666.7 米²30～40 块，当黄板粘满虫后，再涂一层机油，一般7～10 天涂一次。

也可直接购买成品粘虫版，悬挂于茄子田中。粘虫板多为 20 厘米×25 厘米的黄色粘胶板，视虫情放置黄板，虫多则多放几块，一般在 8 米×50 米的标准大棚内放置 4～5 张为宜。放置方法：一般悬挂在茄子上方 50～80 厘米高为宜。

7. 悬挂灭蝇纸 主要诱杀斑潜蝇的成虫，在斑潜蝇成虫盛期或盛末期，每 666.7 米² 设 30 个诱发点，每点放置 1 张诱蝇纸诱杀成虫，3～4 天换一张纸。

五、生态防治

生态防治对于设施栽培尤为重要。不同病虫害适宜的温湿度不同，应依据不同温室内的具体情况，科学管理，控制温湿度。尽量保持较低的空气湿度，避免出现高温高湿及低温高湿的环境条件，温度一般白天控制在 20～25℃，夜间 13～15℃，适温范围内，采取偏低温管理；合理通风，适时浇水，改善光照条件等。

六、化学防治

茄子安全生产并非不使用化学农药，化学农药是防治茄子病虫害的有效手段，特别是病害流行、虫害爆发时更是有效的防治措施，关键是如何科学合理地加以使用。要在熟悉病虫害种类，了解农药性质的前提下，对症下药；适期用药，讲究施药方法，选用高效、低毒、无残留农药。既要防治病虫为害，把化学防治的缺点降到最低限度，又要减少污染，使上市的茄子中农药残留量控制在允许范围内。要做到科学合理使用化学农药，必须注意掌握科学的施药技术，并严格执行国家规定，安全使用农药。

1. 科学施药

（1）熟悉病虫种类，了解农药性质，对症下药　茄子病虫害种类较多，要熟悉有关病虫害的基本知识，正确辨别和区分病虫害种类，才能对症下药，取得预期的防治效果。

（2）正确掌握用药量　各种农药对防治对象的用药量都是经过试验后确定的，因此在使用时不能随意增减。配药时应使用称量器具，如量杯、量筒、天平、小秤等取药，不能凭感觉估计。一般建议使用的用量有一个幅度范围，在实际应用中，要按下限用量。

（3）交替轮换用药　正确复配，以延缓抗性生成。同时，混配农药还有增效作用，兼治其他病虫，省工省药。

（4）正确选择农药剂型和施药方式　应根据不同对象和要求，选择使用喷粉法、喷雾法、撒施法、拌种法、种苗浸渍法、涂抹法、毒饵法、熏蒸法、土壤处理法等。例如喷粉法工效比喷雾法高，不易受水源限制，但是必须当风力小于1米/秒时才可应用；同时喷粉不耐雨水冲洗，一般喷粉后24小时内降雨则须补喷；大棚内因湿度过大，应选用烟雾剂的杀虫、杀菌剂。

（5）使用合适的施药器具，保证施药质量　用喷雾器或喷粉器均匀施药，通过触杀或胃毒或熏蒸等作用，收到防治效果。农药覆盖程度越高，效果越好。如喷雾的雾滴越小，覆盖面越大，雾滴分布越均匀。施药要求均匀周到，叶子正反面均要着药，尤其蚜虫、红蜘蛛等要叶片正反面都喷到，不能丢行、漏株。

2. 安全施药

（1）严禁使用未取得登记和没有生产许可证的农药，以及无厂名、无药名、无说明的伪劣农药。

（2）禁止使用甲胺磷、杀虫脒、呋喃丹、氧化乐果、1605、甲基 1605、甲拌磷、久效磷、五氯酚钠、杀虫脒、三氯杀螨醇等高毒、高残留农药以及包括含上述成分的混配制剂。

（3）选用高效、低毒、低残留的生物农药和化学农药。如Bt、阿维菌素、菜喜、白僵菌、抑太保、卡死克、除虫脲、灭幼脲、农梦特等防治害虫，用井岗霉素、多抗霉素、农用链霉素、新植霉素、农抗 120 等防治病害。

（4）掌握农药使用的安全间隔期，确保上市茄子安全。各种农药的安全间隔期不同，必须严格执行，一般夏秋为 7～10 天，冬季 10～15 天。

（5）仔细阅读农药使用说明书，掌握好农药使用的范围、防治对象、用药量、用药次数等事项，不得盲目提高使用浓度、增加用药次数。

（6）遵守喷洒农药的安全规程。在配药、喷药过程中，必须戴防护手套，用量具量取药液或药粉，不得任意增加用量；配药和拌种时应远离饮用水源，严防农药、毒种丢失或人、畜、禽误食中毒；避免在大风和中午高温时喷药；喷药前应仔细检查药械的开关、接头、喷头等螺丝是否紧，药桶有无漏，以免漏药污染；施药人员要注意个人防护，穿长袖上衣、长裤和鞋、袜，操作时禁止吸烟、喝水、吃东西。

附录

山东省茄子有害生物安全控制技术规程

发布时间：2004 - 02 - 27
山东省地方标准
DB 37/T 329—2002

本标准依据农业标准化管理办法，种子选用参照GB 6715.3—1999《瓜菜作物种子　茄果类》，农药使用参照 GB 4285—1989《农药安全使用标准》、GB 8321.1—1987《农药合理使用准则（一）》、GB 8321.2—1987《农药合理使用准则（二）》、GB 8321.3—1989《农药合理使用准则（三）》、GB 8321.4—1993《农药合理使用准则（四）》、GB 8321.5—1997《农药合理使用准则（五）》，病虫防治指标方面参考了 DB 37/T 232—1996《农作物病虫发生程度分级标准》等标准编制而成。

1 范围

本标准规定了茄子有害生物综合治理技术及茄子有害生物治理过程中农药的使用要求。本标准适用于山东省辖区范围内茄子无农药污染生产。

2 术语

2.1 有害生物

对经济植物造成经济损失的生物，包括病原物、虫、螨、草、鼠、软体动物等。

2.2 综合治理

从植物生态系的整体出发，充分发挥各种因素的自然控制作用，协调运用农业措施、生物措施、物理措施、化学防治等各种适当防治技术，安全、经济、有效地将有害生物造成的损失控制在经济允许水平之下的植保措施体系。

2.3 农业措施

通过耕作栽培措施或利用选育抗病、抗虫作物品种防治有害生物的方法。

2.4 生物措施

利用生物或其代谢产物控制有害生物种群的发生、繁殖或减轻其危害的方法。

2.5 生态控制

按照植物的生长发育要求调节生态环境，使其满足各项指标要求，同时不利于有害生物的发生繁殖，达到既促进植物生长发育，又能控制有害生物发生危害的目的。

2.6 化学措施

用化学农药防治植物害虫、病害和杂草等有害生物的方法。

2.7 物理措施

利用各种物理因素、机械设备及现代化工具来防治害虫、病害和杂草等有害生物的方法。

2.8 安全间隔期

最后一次施药离采收的间隔天数。

2.9 防治指标

即经济阈值，为防止有害生物达到经济危害水平而设立的种群密度或发生程度。

3 主要防治对象及其防治指标

3.1 猝倒病：病株率 $1\% \sim 3\%$。

3.2 黄萎病：病株率 1%。

3.3 绵疫病：病果率 $2\% \sim 5\%$。

3.4 灰霉病：病叶率 $3\% \sim 5\%$。

3.5 褐纹病： 病叶率 3％～5％。

3.6 叶螨： 单叶 5～10 头。

3.7 粉虱： 单株 5 头

3.8 线虫： 上茬发生

4 综合治理技术

4.1 播种前

4.1.1 农业措施

4.1.1.1 整地施肥

清除病残体，深翻减少菌源。施肥以有机肥为主，施用优质腐熟圈肥，配合酵素菌肥，增施磷钾肥，如过磷酸钙、草木灰、硫酸钾等。

4.1.1.2 日光消毒

土传病害重的地块，如保护地栽培可在夏季高温季节深翻地 25cm，每 667 m^2 撒施 500kg 切碎的稻草或麦秸，加入 100kg 氰胺化钙，混匀后起垄，铺地膜，灌水，持续 20 天。

4.1.1.3 合理轮作

避免与番茄、辣椒等茄科蔬菜连作，实行 3 年以上轮作，预防绵疫病、褐纹病、黄萎病等。

4.1.1.4 选用抗病良种

建立无病留种田，从无病株采种。根据各地病虫发生情况因地制宜选用抗病良种，见附录 B。

4.1.2 种子处理

4.1.2.1 温汤浸种

播种前 2～3 天进行浸种，先将种子在冷水中预浸 3～4 小时，然后将种子置于 50℃温水浸种 30 分钟或 55℃温水浸种 15 分钟，立即用冷水降温后晾干备用。

4.1.2.2 药剂拌种

用 50％多菌灵可湿性粉剂进行拌种，用药量为种子量的

0.4％，预防茄子猝倒病和黄萎病。

4.1.2.3　福尔马林消毒

用福尔马林 300 倍液浸种 15 分钟，清水洗涤后晾干备用，可防治褐纹病。

4.1.3　苗床土壤消毒

预防黄萎病可在播种时用硫磺粉 $1\sim3g/m^2$，对细土 $5\sim10kg$，将种子下垫上盖（上、下药土为 $2:1$）。

4.2　苗期（移栽前后）

4.2.1　农业措施

4.2.1.1　苗床管理

要注意控制苗床温度，适当控制苗床浇水。保护地要撒施少量干土或草木灰（$0.5kg/m^2$）去湿，适当通风降湿。及时拔除病株，摘除病叶，带出田（棚）外集中处理。及时分苗和整枝打杈，加强通风，预防各种病害发生。

4.2.1.2　设防虫网，温室大棚通风口用尼龙纱网罩住，防止蚜虫、粉虱等害虫进入。

4.2.1.3　嫁接防治黄萎病

接穗为常用品种，砧木一般用野生茄 2 号或日本赤茄。砧木 $4\sim5$ 片真叶，接穗 $3\sim4$ 片真叶时嫁接，接穗常晚播 $10\sim15$ 天。嫁接方法一般采用靠接。

4.2.2　化学防治

大棚用 50％百菌清粉尘剂每 $667m^2$ 1kg 喷粉，或用 45％百菌清烟剂每 $667m^2$ 250g 点燃熏棚，或用 75％百菌清可湿性粉剂 600 倍液，或 80％喷克（大生、新万生、山德生）可湿性粉剂 800 倍液，或 64％杀毒矾 M8 可湿性粉剂 500 倍液喷雾。每 $7\sim10$ 天喷 1 次，连喷 $2\sim3$ 次，可防治苗期多种病害。

4.3　结果期

4.3.1　农业措施

4.3.1.1　及时清除田间病叶、烂果和失去功能的叶片，减少病

害再侵染。适时追肥，防止大水漫灌，减轻病害的发生。

4.3.1.2 保护地要注意通风排湿，控制灌水，并适当提高棚内的夜间温度，减少结露，以预防灰霉病、绵疫病的发生。

4.3.1.3 适时追肥，提高作物抗病力。

4.3.1.4 斑潜蝇发生地块，及时摘除失去功能的虫叶，在盛蛹期锄地松土或锄地浇水消灭虫蛹。

4.3.1.5 清除田间及周围杂草，深翻土地，破坏叶螨越冬场所，减少越冬虫源。天气干旱时，应适当增加灌溉，减轻叶螨发生。

4.3.2 生物措施

4.3.2.1 防治灰霉病，可用1％武夷菌素可湿性粉剂150～200倍液，或40％纹霉星可湿性粉剂每667m²60g。

4.3.2.2 防治青枯病，可用72％农用硫酸链霉素可溶性粉剂4 000倍液或50％琥胶肥酸铜（DT）可湿性粉剂500倍液喷雾。

4.3.2.3 防治叶螨，可用0.9％或1.8％阿维菌素3 000～5 000倍液，或10％复方浏阳霉素1 500倍液喷雾。

4.3.2.4 防治斑潜蝇，可用0.9％或1.8％阿维菌素3 000～5 000倍液，于入冬封棚后和早春揭棚前喷雾。

4.3.3 化学防治

4.3.3.1 褐纹病、绵疫病同时发生的地块，可使用易保可湿性粉剂800～1 200倍液，或64％杀毒矾M8可湿性粉剂400～500倍液，或10％世高水分散粒剂1 500倍液，或58％甲霜灵锰锌可湿性粉剂500～600倍液，或75％百菌清（达克宁）可湿性粉剂600倍液喷雾。

4.3.3.2 以绵疫病为主的发生地块，发病初期可使用72％克露可湿性粉剂600～800倍液，或25％甲霜灵可湿性粉剂及其复配制剂400～600倍液，或58％甲霜灵锰锌可湿性粉剂500～600倍液（兼治褐纹病），或50％乙磷铝锰锌可湿性粉剂500～600倍液喷雾。

4.3.3.3 以灰霉病为主的地块，可用6.5％万霉灵粉尘剂每

$667m^2$ 1kg 喷粉，或用 50％ 速克灵可湿性粉剂 1 500 倍液，或 50％ 灰核威可湿性粉剂 600～800 倍液，或 50％ 扑海因可湿性粉剂 1 000 倍液喷雾，每 $667m^2$ 喷药液 50kg。用生长素液蘸茄子花时，可在生长素液中加入 0.1％ 的 50％ 速克灵可湿性粉剂或 50％ 多菌灵可湿性粉剂效果更好。

4.3.3.4 青枯病发病初期，可用 50％ 琥胶肥酸铜（DT）可湿性粉剂 500 倍液灌根，每株 300～400ml，每 10 天 1 次，连灌 3～4 次。

4.3.3.5 防治叶螨类害虫可用 73％ 克螨特乳油或 15％ 哒螨酮乳油 1 500 倍液喷雾。

5 产品安全控制措施

5.1 严禁在茄子生产中使用丙线磷、甲基异柳磷等高毒、高残留农药。

5.2 严格按照安全间隔期和使用方法用药，见附录 A。

5.3 要尽量交替使用不同类型的农药。

5.4 茄子应经农药残留检测合格。

附录 A（规范性附录）
茄子农药安全使用标准

农药名称	剂型及含量	主要防治对象	施用量 g（ml）/667m² 或稀释倍数	施药方法	每季最多施用次数	安全间隔期（天）
多菌灵	50%可湿性粉剂	猝倒病、黄萎病	种子量 0.4%	拌种	1	10
	50%悬浮剂	黄萎病	500 倍	灌根	1	10
	50%悬浮剂	土壤消毒	4 000～5 000g	地面喷雾	1	10
	25%可湿性粉剂	灰霉、菌核、炭疽病	400～500 倍	喷雾	1	10
	50%可湿性粉剂	猝倒病、黄萎病	500 倍	喷雾	1	10
拌种双	40%可湿性粉剂	猝倒病、黄萎病	种子量 0.4%	拌种	1	
硫磺粉	粉剂	黄萎病	1～3g/m²	药土盖种	1	15
苯菌灵	50%可湿性粉剂	黄萎病	800～1 000 倍	灌根	1	3
克露	72%可湿性粉剂	绵疫病	600～800 倍	喷雾	1	2
武夷菌素	1%水剂	灰霉病	150～200 倍	喷雾	2～3	1
纹霉星	40%可湿性粉剂	灰霉病	60g	喷雾	2～3	5
灰核威	50%可湿性粉剂	灰霉病	600～800 倍	喷雾	1～2	

（续）

农药名称		剂型及含量	主要防治对象	施用量 g (ml) /667m² 或稀释倍数	施药方法	每季最多施用次数	安全间隔期（天）
百菌清		5%粉尘剂	预防苗期多种病害	1 000g	喷粉	4	3
		75%可湿性粉剂	预防苗期多种病害	600倍	喷雾	3	7
		45%烟剂	预防苗期多种病害	250g	烟熏	4	3
杀毒矾 M8		64%可湿性粉剂	绵疫病、褐纹病	400～500倍	喷雾	3	3
扑海因		50%可湿性粉剂	灰霉病、菌核病	1 000倍	喷雾	2	7
速克灵		50%可湿性粉剂	灰霉病、菌核病	1 500倍	喷雾	3	1
甲基托布津		70%可湿性粉剂	菌核病	800倍	喷雾	3	10
乙磷铝锰锌		50%可湿性粉剂	绵疫病	500～600倍	喷雾	2	5
甲霜灵		25%可湿性粉剂	绵疫病	400～600倍	喷雾	3	1
甲霜灵锰锌		58%可湿性粉剂	绵疫病、褐纹病	500～600倍	喷雾	3	1
炭疽福美		80%可湿性粉剂	炭疽病	500倍	烟熏	1～2	5
虫螨克		0.9%乳油	叶螨	4 000倍	喷雾	1	7
浏阳霉素		1.8%乳油	美洲斑潜蝇	3 000倍	喷雾	1	7
		10%乳油	叶螨	1 000～1 500倍	喷雾	1～2	5
大功臣		10%可湿性粉剂	蚜虫	1 000倍	喷雾	1～2	5

附录 B（资料性附录）
主要茄子品种抗耐病情况

品　　种	抗耐病种类
鲁茄 1 号、济南早小长茄、北京六叶茄、德州小火茄	多种病害
二民茄、曲阜长茄、高唐紫茄、冠县黑园茄、福山鸡腿茄、鲁茄 2 号	多种病害
济南大长茄、南早小长茄、鲁茄、济杂 1 号、德州小火茄、北京六叶茄、辽茄 1 号	抗病增产